心理咨询师的智慧系列

叶斌·著

上海教育出版社

叶落有声

图书在版编目（CIP）数据

叶落有声 / 叶斌著. — 上海 ： 上海教育出版社，2010.1
ISBN 978-7-5444-2699-2

Ⅰ．①叶… Ⅱ．①叶… Ⅲ．①心理学－文集 Ⅳ.
①B84-53

中国版本图书馆CIP数据核字(2009)第215279号

心理咨询师的智慧系列

叶落有声

叶斌 著

上海世纪出版股份有限公司 出版发行
上 海 教 育 出 版 社
易文网:www.ewen.cc

（上海永福路123号 邮政编码：200031）

各地 新华书店 经销 上海精英彩色印务有限公司印刷
开本 700×1000 1/16 印张 13.5 插页3
2010 年 1 月第 1 版 2010 年 1 月第 1 次印刷
印数 1-5,000本
ISBN 978-7-5444-2699-2/B · 0057 定价：39.80元
（如发现质量问题，读者可向工厂调换）

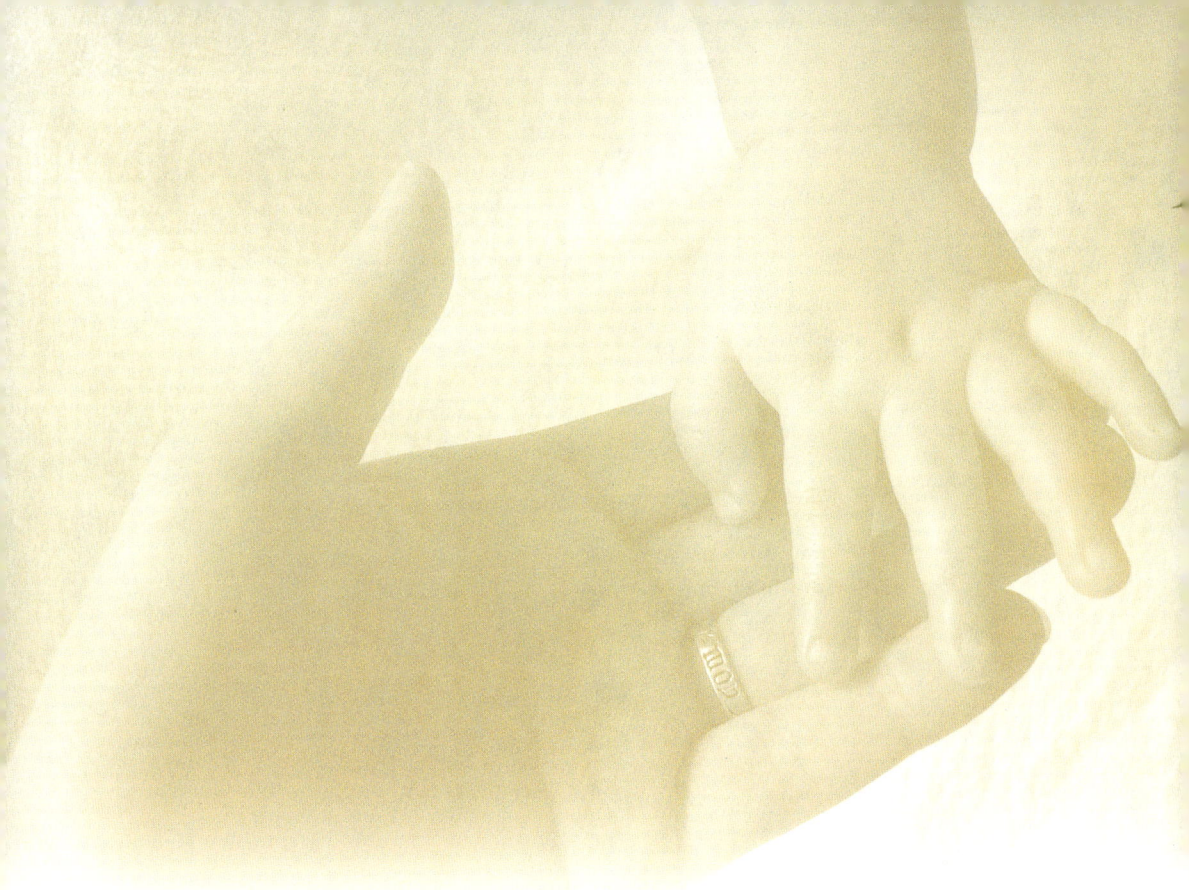

本书献给我出生不久的儿子叶子鹤小朋友

目录

叶落有声（代序）

去加拿大是拖了很久的事。

我一直以来对出国兴趣不大，因为心理咨询这个行当吃的是语言饭，我觉得自己的强项是中文，而英语恰恰是我的弱项。一个人犯不着"避长扬短"吧。

不过，这次去加拿大是去访学，时间是一年。一年的时间说长不长，说短不短，我拖了快三年，到了最后关头才下决心出发，因为再不出发这个机会就要作废了，而这个出国机会是学校领导特意给的——也许是考虑到我在学校基层默默奉献了近二十年——许多人想出国还出不去，如果我白白浪费了这个机会，似乎就有点"那个"了。

拖着不出国的另一个原因是怕不利于自己在国内的工作。如今生活节奏这么快，出去一年，断了国内的工作和关系，一年后回来重新适应反而可能更麻烦，而且在经济上这一年也会损失惨重。

但事后发现，这次出国其实好处不少。

其一，为了出国，逼着自己抓紧时间把拖了很久的博士论文在出国前写完了，因为不想再拖上两年令事情变得更困难。在通过博士论文答辩、拿到博士学位的那一刻，人真的好轻松。这些年来的一块心病、一个重负终于烟消云散。

其二，出去一年和到海外旅行几天不同。只有好好静下心来住上一段时间，才有机会更深入地了解和体察那个国家的风土人情、经济文化、政治制度等。一年下来，我终于发现从书本和新闻中了解到的异国他乡的确存在很多谬误。

其三，在国外，参与了一些心理学的课，接触了几位挺有意思的心理学教授（包括拜访了几位大师级的人物），在图书馆看了那些国内看不到的心理咨询影音资料，确实也学习到不少东西，对自己有不少启发。

其四，在国内是事情推着人走，整天忙得不亦乐乎，不知为何；出了国，一下子闲下来，有太多的时间和空间让自己安静和反省，真是非常难得的机会，能够让人"每日三省吾身"、"三思而后行"。

其五，出国期间国内的股市正值大牛市阶段。在国内时忙得没时间料理自己的投资，而在海外正好时差颠倒，可以从容理财，结果这一年非但没有经济损失，相反还"大赚一票"。而且回来后发现，所有的关系还依然在，朋友和合作伙伴并不会因为你离开一年而消失。所以，不由感慨"人算不如天算"，人不可自作聪明，妄断得失。坦然接受命运的安排，顺其自然，往往就是最好的选择。

这本书收录的文字是我在加拿大温哥华访学期间写下的。出国前同事、朋友和家人都希望我能多分享一些在海外的经历，我无暇一一分头报告，就决定写些东西、发些照片，放在华东师范大学心理咨询中心的网页上，也算是向关心我的同事、朋友和家人有个交代。也曾想过开个个人博客什么的，但后来觉得维持一个漂亮而有吸引力的博客挺麻烦的，也考虑到这样做可以为心理咨询中心的网页增加些点击率，所以就干脆在中心的网页上开了一个专栏。由于专栏放在单位的网页上，总要考虑那些可能的阅读者的期待，所以不能有太多私家杂事、儿女情长，就选择写些咨询师随想和在加拿大的游记，随便起了个"叶落有声"的专栏名称。所谓"叶落有声"，是"那个姓叶的落在他乡还忍不住有话要说"的意思。

真的很感谢同事林麟先生在此期间不嫌麻烦，隔几天就帮助我将文章和照片传上网，也很感谢上海教育出版社的金亚静女士在看到"叶落有声"后鼓励我将这些文字结集出版。她说如今的心理咨询业发展很快，心理咨询师也越来越多，这些随想也许对这个行业的新人们有些帮助。所以，我重新整理了一下，把游记的那部分去掉，留下那些和心理以及心理咨询有关的文字。又挑了些在加拿大拍的照片放在文章中作点缀和说明，增加些阅读趣味。其中除了有我的影像的那几张照片是别人拍的，其他都是我的作品。因此，也算借此秀一下我的摄影水平。

凑巧的是，当我整理本书稿的时候，我的孩子出生了。孩子呱呱坠地，正是应了《叶落有声》的题，所以也就顺水推舟，将本书献给我那刚出生不久的叶子鹤小朋友了。

前前后后也写过二十来本书了，还是第一次把书献给什么人——这是个挺西方的方式，老外写书常常来这一套——也算是访学期间被无意识西化的一个结果吧。

一笑。

是为序。

叶斌

2009年8月23日

格式塔说，语言是很重要的，一定要细听当事人用的每一个词，以及词背后的含义。

格式塔

　　出国前，家人问我心情如何。不知如何回答，含糊其词地答"还可以"。这是个纯理性化的回答——当然不能答"很好"，好像急于逃跑、获得自由的样子；也不能答"很差"，这样会令家人更担心和难过，"还可以"就相对保险些。

　　格式塔说，语言是很重要的，一定要细听当事人用的每一个词，以及词背后的含义。

　　确实。

　　想想，自己心情到底怎样，一时想不明白；再仔细想想，还是不甚明了。突然发现这是个太典型的格式塔：此时此刻，我的心情五颜六色，全部混合在一起，被问的时候，需要一一将它们分解出来，真是十分困难，而且麻烦！后来告诉自己，就当是一个作业、一次训练，去试着分解分解看。结果发现情绪团里有伤感、恐惧、兴奋、担忧、焦虑、烦躁、疲惫，应该还有更多，但确实很难区分。而且这种区分还和语言有关：有没有足够用来区分的词，更精确的。

　　最终还是放弃了，给了自己一个理由：都要走了，这么忙，有空想

几乎每个街坊家门口都种花，除了留学生
租用的。这些花特别漂亮

这些？！

　　于是，继续打包整理行李。

　　至于拒绝想下去的真实原因，就留给爱说阻抗的精神分析师去分析
吧。

　　而我，终于要上路了。

想到了标准问题：你要的是什么？

标准

到温哥华不久，我去拜访另一个访问学者。她来自北京，和一群西门菲沙大学（Simon Fraser University，常缩写为SFU）的留学生住在同一栋房子里。那些留学生除了有一位是来自香港的移民外，其他的都来自内地，在加拿大待的时间有长有短。有些人读本科，有些人读硕士，也有读博士的。

我住的房子很便宜，很大一套，一个月才300加币，因为我是在入学高峰后才租的。但我的住所的缺点是装修简单，也有点旧。那个来自北京的年轻妈妈住的是一间由车库改装的房间，挺小的，虽是半入地下的地下室，却仍然要330加币一个月，厨房和卫生间由4个房间的人共用。

我抱怨我的街区太安静，我说："还是你们这里热闹，整个房子楼上楼下这么多人，相互帮助，热热闹闹，我那里太冷清了。"楼上的老外邻居还没上门去深度拜访，而隔壁的中国博士生好像很闷，根本不让我进他的房间，尽管他来过我的卧室。

刚好从楼上到她住的楼下来串门的一个男孩听我这么说，说："还

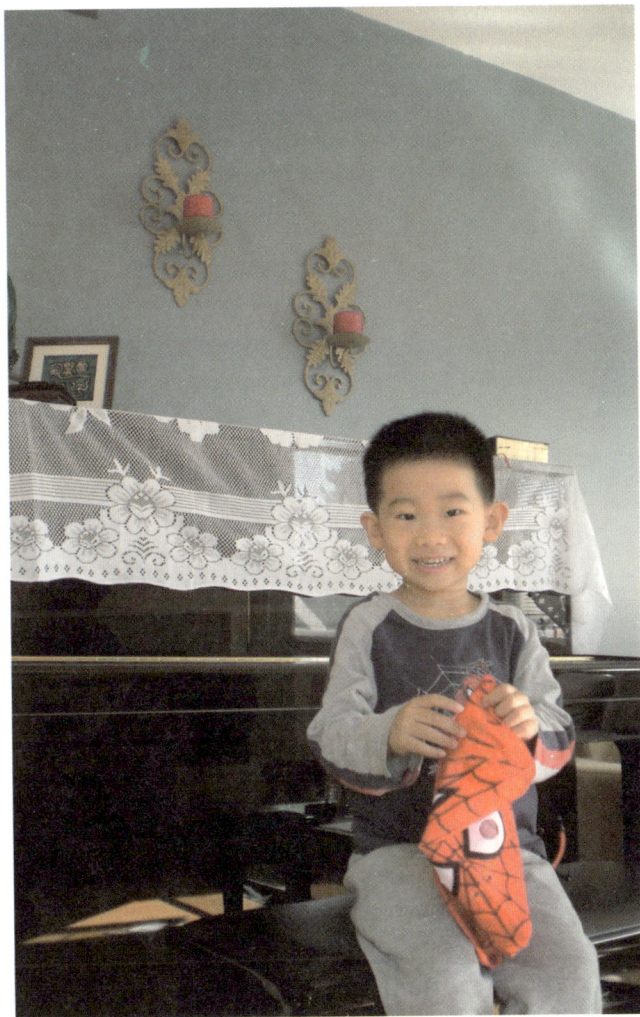

小吴夫妇4岁的儿子吴海青，据说海青是古琴曲的名字

可爱的海青最喜欢的
是蜘蛛侠

是你那里好。我们的房子临马路，夜里车开过挺吵的。"他一提，我也
想起：他们门口的马路稍宽，经过的车辆比较多；而我门口的街窄些，
除了附近居民，不太有车经过。

这下就更觉得自己租的房子性价比高了。

想到了标准问题：你要的是什么？

热心的小吴夫妇到加拿大已经快7年了。他们来自南京，婚后不久就办了技术移民来到温哥华。夫妻都工作，孩子今年4岁，很可爱。丈夫小吴是学计算机的，我八卦地问了一下他的收入，折合下来每个月2500加币左右。

他说他丈母娘来时问他的夫人有没有后悔移民——显然他丈母娘对他们的生活条件不甚满意，认为如今在国内大城市发展会更好——他夫人说不后悔。他说就是他妻子更喜欢这样的生活，所以他才下决心移民过来的。"这里生活平淡，如果你能接受田园生活，你就会喜欢这里的生活。"他进一步解释，"这里人与人之间的关系也单纯些，没有国内人与人斗争的压力。"

"不过，也有喜欢奋斗的人。前几个月我们的一个朋友就回国了，他说他想赚更多的钱。我们大家对他的决定都觉得挺遗憾的。"小吴说着，叹了口气，又摇了摇头。

显然小吴和他那位回国的朋友对于什么是理想生活的标准不同。

而且，非常幸运的是，他的夫人坚定地支持他的标准。

于是，我便看到一墙的脸冲我微笑！

微笑

去见我所选的课的教授，但到得早了点。外国人都很讲时间观念，所以，到得早也不能早早地去敲教授办公室的门。

只好在学院的走廊上闲逛。

走廊的墙上有学院所有教职员工的照片，便在那里尝试找我接下来要见面的教授的照片。找着，找着，突然找出些蹊跷和灵感来。

我发现所有那些照片在拍摄时都微微有些侧脸，更重要的是：所有人都是一张微笑着的脸！

于是，我便看到一墙的脸冲我微笑！

想到了我在华东师范大学办公室外走廊墙上宣传橱窗里的照片。我建议学校管理方允许我们布置生活照，因为我们做心理咨询的要让学生感到有亲和力，可惜未被采纳，他们要的是严肃的形象，好像这样才像工作的样子。

看到这一墙的侧脸微笑，我想：这是多么不同的文化呀！ 幸亏我们走廊里的工作照还是有一点笑意的。更好的是，在心理咨询中心的网页上，我们坚持用了我们希望的生活照来介绍自己。

一墙的微笑（局部）

记得以前有位老师去过加拿大回来对加拿大最深的印象之一便是加拿大人对陌生人的微笑。行路时迎面走过，他们会主动向你微笑，不管认识的还是不认识的。

我这次感受到了，所以，入乡随俗，也开始主动向他人微笑。

但一年后呢？回国后还这么做，不会让人觉得你精神有问题吧？

何博士说："看到这树，我就想到生命的奇迹，生命的启示！"

热爱生活，感恩生命

何博士夫妇说感恩节要请我吃饭，我当然很高兴。一直听说感恩节要吃火鸡，没想到这次到加拿大不久就能享受火鸡大餐；另外，还听说何博士夫妇的住所风景超好，很想见识一下。说实在的，去之前对火鸡的期待更大，对住所景色的期待比较低。因为这些天来住在景色如画的温哥华，已经不觉得震撼了，无非是蓝天、白云、绿树、青草、各色花朵以及无敌海景。甚至我原本向往别墅生活的心也已经有点冷却：在温哥华，到处都是比上海好得多的别墅，天天住着也麻木了，不过如此。有时甚至还嫌太清净呢。

不过，等到了何博士的家，还是被小小震撼了一下。

那是一座坐落在森林里的四层小楼，全木结构。原来是一个挪威人造的，后来挪威人年龄大了，嫌爬上爬下不方便，就转卖给了何博士夫妇。从楼的底层或一层都可以下到森林深处。原来是没有路通下去的，但何博士拿了凿子和锄头一点一点沿向下倾斜的山壁开凿出一条台阶小路，并用水泥和石块筑牢。楼下开垦了一块平地，种上青草、各种花果等草本或木本的植物。何博士带我仔细参观并细致讲解。

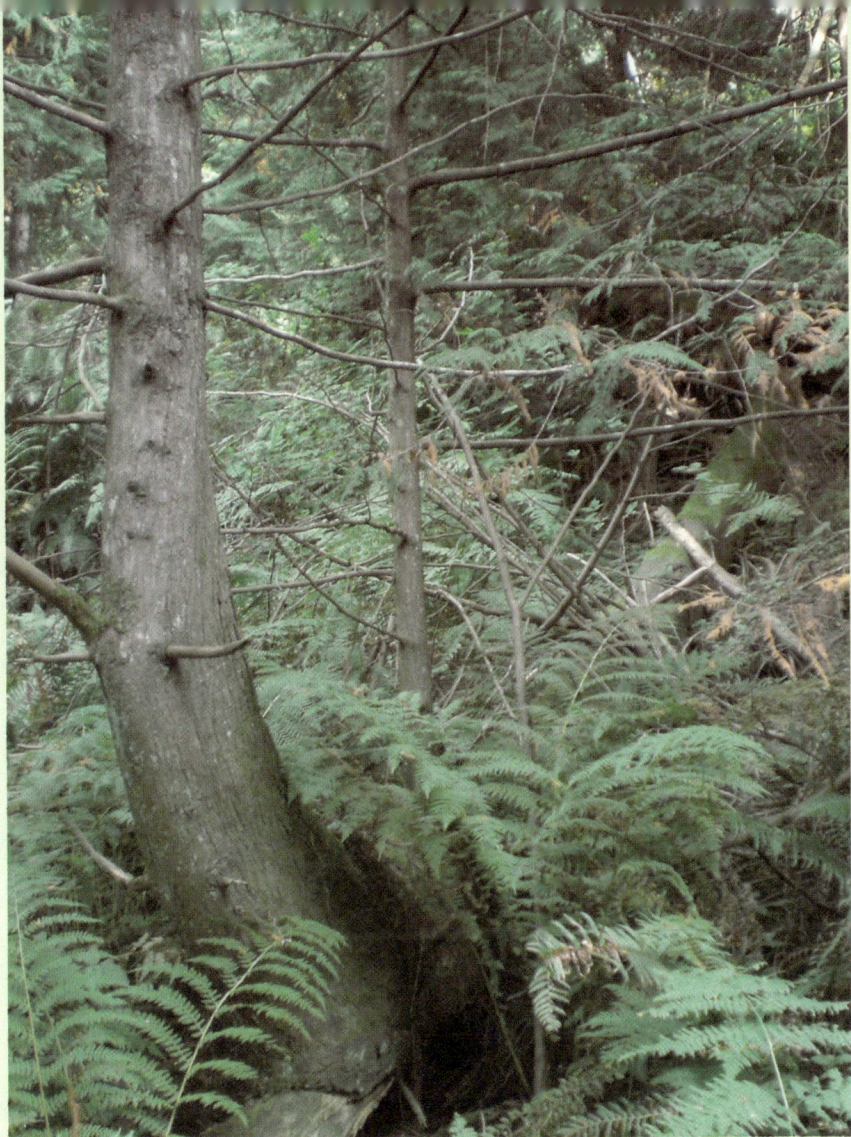

不死的树，生命的启示

　　"叶斌，你过来，这里有一个生命的启示。我一定要带你看一看。"正走着，何博士突然向我提示，"你看这边，是一个躺倒的大树干，看上去已经死了，是吧？"

　　我顺着他所指，果然见到一截布满青苔甚至有点腐朽的大树干。

"但，你再看这里！"何博士带我绕一个小弯又指向另一棵树。

仔细看去，发现有一棵较刚才倒下的树干细了一圈的树，直直向上生长。更仔细看，才发现那棵树的根处竟然在那大树干上——更确切些说，其实是大树倒了，但树的枝干还活着，并继续调整角度笔直向上生长，且长得如此之粗壮！

生命是如此奇妙！生命是如此顽强！

何博士说："看到这树，我就想到生命的奇迹，生命的启示！"

真是个有心人！

我们坐在房间壁炉前烧火聊天，我很喜欢看着那些松木、枫木在炉火中噼啪作响。何博士说他也很喜欢如此。"水和火都一样奇妙。水或火看似一样，却又不同。看一天都不会闷。"于是，女主人在上面料理火鸡大餐，我们就在下面看着这熊熊炉火，喝着果汁聊天。

后来，我还看到了何博士自己用烙铁在木板、木棍上烙的书法作品；看到了他精心保存的影集，里面有许多医院同事的照片、贺卡、病人的感谢信以及他在云南、四川等贫困地区当志愿者的照片。我越来越感受到一个热情的生命，让我也觉得被点燃。

我终于明白为什么蔡云元医生（蔡医生是香港突破机构的创始人之一，现为突破机构的名誉总干事、香港青年发展基金会会长。突破机构是香港最著名的从事青少年服务的社会机构之一，是一个基督教背景的公益组织）要请何博士到香港，给突破机构的工作人员演讲，而何博士只是个医生而已。其实，除了他是个虔诚、热情、富有爱心的基督徒之外，他还无比热爱生活。至少我觉得这会是他被蔡医生选中的一个理由。突破机构搞的"生命工程"活动的口号就是"生命燃点生命"，何博士就是个最好不过的例证。

当年，何博士夫妇几乎是最早的一批加拿大华人移民，蔡医生后他们三年到加拿大读书，受到他们很好的帮助和照顾。几十年后的今天，

何博士夫妇的住所：森林木屋

何博士夫妇和我以及感恩节的火鸡大餐

他们因蔡医生的一个简单的嘱托，又来无微不至地看顾我这个并不熟悉的外来者。

　　回家的路上，温哥华的秋夜还是很有凉意的，但我整个人却充满暖意。

就像SFU最近一期校报的标题所写："Graduation is sweet"（毕业正是硕果时）。

Fall Convocation

当SFU教育学院的助理潘小姐发邮件建议我可以看一下这两天在校园举办的"Fall Convocation"时，我并不十分明白"Fall Convocation"究竟是什么活动。后来想起前些天国际教师教育部的主任伊恩·安德鲁斯（Ian Andrews）博士也提醒过我可以去看看这个活动，于是便上网查询了相关信息，结果发现这是西门菲沙大学一年两度的毕业典礼活动之一：秋季毕业典礼。

这确实是学生的大日子。我隔壁有个邻居，是学工程的博士生，来温哥华读博士读了七年了，年龄一定比我小不少，但已经是头发斑白了。

"写论文不容易呀，导师关就很不好过。"他边说边摇头叹气。

又回想到一周前我去温哥华大使馆教育组报到时遇到的那个来自河南的女孩，她正在那里办出国留学证明。我问她读了几年，她答"六年"。

"在这里读书不容易吧？"我试图来个高级同感。

"是啊，中间差点要崩溃！"

毕业生队伍，其中有许多中国面孔

穿苏格兰裙装演奏的仪仗队

Graduation is sweet

同感果然有效。

"所以，不想再待下去了，想回家了。"她若有所思。

他们的毕业典礼确实很有意思，尤其是开场，颇具观赏性。

英国式的音乐仪仗作迎接，学生们——包括博士、硕士、学士等各种学位的毕业生——集成长队，蜿蜒穿过校园，抵达图书馆前的毕业礼广场。还有校长、教授等组成的教师队伍，穿着各种稀奇古怪的标志身份的典礼服，看上去像是一队扑克牌里的大小王。

最让人感动的是台下参与活动的毕业生家人和朋友，他们和那些毕业生一样脸上洋溢着喜悦和幸福，许多人带着非常漂亮的鲜花，准备到时候献花。加拿大是一个多民族国家，一些家长甚至穿上了民族盛装，

主席台上盛装的人们

特别是一位印第安人打扮的父亲，身披绣着具有民族特色图腾的大氅，头戴宽沿笠帽，帽檐上还插着一枝大羽毛，分外引人注目。

就像SFU最近一期校报的标题所写："Graduation is sweet"（毕业正是硕果时）。

事后想想也觉得挺有意思的。我几个月前博士毕业，因故没有出席自己的博士毕业典礼，却到异国他乡来旁观他人的毕业礼，同感他人的毕业喜悦。

不禁哑然失笑。

对于我，这个局面的意义在于：我赢得了一个
进入他们世界的机会，也只有这样，我才能真
正了解他们的文化。

文化与心理咨询

今天是我第二次到学校参与他们的咨询实践课。从专业的角度看，
咨询实践课的内容是比较简单的，主要是教师给初做咨询的学生提供咨
询督导。对于我而言，这更像是英语学习课。我上一周的第一次课就比
较惨，对于那些学生报告的个案，我只能听懂大概情况，很难抓住对话
的细节，然后在给反馈意见时往往把重点放在非语言的解读和表达上，
比如手势的运用、坐姿是否恰当、当事人的身体语言揭示出的咨询关系
状况等，无法就咨询时的对话给出我的观察和意见。

但他们的督导方式我觉得还是很有可供借鉴的地方的。其上课的
基本形式是：每次由三到四个学生报告个案，学生先大致介绍一下个案
的情况，然后给一点个人的分析，同时就个案的重点给出自己查到的相
关知识的参考文献及资料，并提供给其他同学——这一方法很好的地方
是，这样对个案的处理更有理论依据，可以由点及面、由表及里地更深
入学习，不是就个案讨论个案，而是同时给其他学员也提供了一次学习
的机会——然后看大家有没有关于个案的提问。若没有，就开始播放咨
询的录像。录像的内容由学生决定，可以是自然的一整段，也可以剪辑

为几小段。录像一般放15分钟左右（如果有些个案的录像很精彩或有讨论点在其中，老师会决定放更长的时间）。录像播放结束后由大家对其咨询的情况进行点评，教师则在一旁伺机提一些启发性的问题来推动讨论的深入。录像中的咨询师基本上不能发表意见，退在小组外倾听、记录其他学员的讨论和反馈意见。当这些讨论结束后，他才能再参与进来发表自己的看法，以及是否同意大家的意见，同时讲讲自己在这样的过程中学到了什么和有哪些启发。

SFU的晚霞

　　顺便要提一下的是，由于我到加拿大时他们已经开学上过一个月的课了，所以我要加入这个课程还需要一些条件：首先是任课老师要能接纳你；其次是学生也能接纳你，因为你是一个外来的新人，对于一个已经建立相互信任的团体来说是一个新的冲击，如果团体成员拒绝接纳新人，你就无法加入（我本来申请的另一个更感兴趣的课程是团体治疗，可惜我到得迟，任课老师说这个课程是通过实际的团体治疗体验来学习团体治疗的，由于小组已经成形，无法接纳新成员了，所以我没能上成这门课）；最后，由于涉及咨询录像资料，要遵循保密原则。原来在录像前，咨询师（学员）会和当事人签一份知情同意书，说录像只给督导教师和参与课程的其他学员看，现在多了一位访问学者，知情同意书就要重新修改。这给了我很深的印象。我的任课教师特地给我发了电邮，问我的身份是学生还是访问学者，她那么较真我只好回复她"我确切的身份是访问学者，当然来听您的课，我也可以算您的学生"，然后她就又回复我说，"那就是访问学者吧，我会修改知情同意书的，加一条'这一录像还会有一位访问学者观看'"。就这样，为了我的加入，她又重新准备了知情同意书给大家。这是非常专业的做法，而我们惯常的做法往往是：多一个人，当事人又岂能知道是谁？何必多一事麻烦呢！估计大多数人不太会认真到去重新搞一份新知情同意书的。

　　让人高兴的是，这一节课我的英语听力水平好像有了提高。如果说上一节课我能听懂50%的对话，这次应该能听懂70%～80%了。更幸运的是，这节课学生报告的第一个个案是对于一个12岁香港女孩的咨询。那个女孩父亲与母亲离异后移民加拿大，同时来的还有一个妹妹，现在爸爸又组建了新家庭，新弟弟出生后她的卧室让给了弟弟。半年前她情绪低落，曾用刀片割自己的手腕。我们的学员到一个学校咨询实习时，学校建议该女孩来咨询，校方希望咨询师评估一下这个女孩现在的状况。

大温哥华圣道堂本堂：圣道堂是大温哥华地区最有影响力的华人基督教教会组织

　　从咨询录像上看,那位学员的倾听做得还不错,不断用提问鼓励当事人倾诉。那个被咨询的女生也一直不停地讲她的伤心故事,甚至坦诚地说到了自己割脉的经历。她声称这件事已经过去了,她说这些事情的时候显得很轻松,甚至常常带着微笑诉说。学员们讨论的焦点之一是她会不会再度自杀,其中一个线索是,那个女孩曾经问咨询师是不是相信有天堂,所以他们觉得还是需要进行自杀危机程度的评估的,但他们也注意到女孩轻松的表情,所以觉得危机并不十分明显。

　　但我并不这么看。我发言说,这是一个典型的中国人式的反应。中国人对情感的表达是含蓄和控制的。那个女孩在讲自己的伤心故事甚至自杀经历时还面带微笑,其内心和外在显然是不统一的,这反过来表现出一种压抑,而这种压抑也许会令她的情绪状况更糟。另外,咨询师在一些细节的处理上也有许多可以改进的地方,比如咨询师和当事人坐不一样的椅子,咨询师的更舒适、更高一些,当事人有一些身体反应显示出自己并没有完全接纳咨询师(书包一直放在膝盖上不肯放下来,身体向后靠等)。更重要的是,咨询师只是倾听和鼓励当事人诉说,却缺乏对当事人情感上的深度同感。我告诉他们,中国人往往不善于使用直接表达自己情感的词,有经验的咨询师应该能够在咨询中透过当事人的叙事,用一些能精确表达当事人细微感受的词去反馈,如果同感准确,就能让当事人觉得自己是被理解的,从而有助于快速构建当事人与咨询师之间的良好关系。此外,我还对如何处理这样的当事人给了自己的看法和建议。

　　显然,那位学员并不能做到这些。原因之一可能是初做咨询,能力和经验还不够,原因之二就可能是文化上的差异。情感表达自如、直接的北美人,可能无法充分理解亚洲人的表达方式。

　　我想起前几周我遇到的一个在SFU心理学系读心理学本科课程的香港女孩讲起的事。她由于学习压力大有一次给学校的晚间心理热线打电话，但当电话结束时，她还是失望地感到自己没有得到期望中的帮助。"我觉得她根本不能理解我。"那个女孩最后总结道。

总之，这是文化心理差异造成的咨询困难，这在加拿大是个很重要的议题。因为加拿大是多民族、多元文化的国家，所以跨文化咨询是很受人关注的内容。通过这次发言，我也实现了我当时在第一次进入这个团体进行自我介绍时所说的，我将给这个团体一种跨文化的观察和反馈，让他们了解一个中国人的视角和反应，这也许对他们将来遇到来自中国的当事人有帮助。

另外，有一个让人窃喜的地方：通过这次课堂发言，他们每讨论完一个个案就会期待地看着我，希望听到我的意见，而这是上节课所没有的。下课时我和学员们也有更多的交流了。

对于我，这个局面的意义在于：我赢得了一个进入他们世界的机会，也只有这样，我才能真正了解他们的文化。

这一切都是因为你从咨询一开始就站到了当事人的对立面，成为他文化上的敌人！

文化与心理咨询（续）

前些天去了一个也在温哥华的朋友的家。确切说，她家在里士满（Richmond），也属于大温哥华地区，在BC省（不列颠哥伦比亚省）。她是我高中同学，那时她的座位在我的前一排。她北京广播学院毕业后分到上海的电视台工作。我大学毕业后有一段时间工作比较清闲，就在电视台玩票，做过她的节目策划。她六七年前随也在电视台工作的先生移民加拿大，现在在一家英资贸易公司做事，同时自己还开了一家小贸易公司。雇用了一名员工，专从中国进口一些食品，然后卖到加拿大的华人超市。她先生则在当地一家香港人办的电视台工作，当新闻记者，也当新闻主播，更兼了一档时政脱口秀节目的主持人。

她的家相当不错，两层的复式结构住房，实际面积约有140多平方米，底下还有一个车库。她几年前用24万加币买下，现在大约升值到40万。我参观了她的家，发现楼上还有一个小屋是供佛的。我知道她父母以前就喜欢这些，不料如今时尚的她也对佛事如此虔诚。"我和我先生都是很诚心的。天天换新鲜佛供，烧香、念经。"我以前只知道她母亲对佛事虔诚，曾经到普陀山的一个庙里给巨大的观音像捐过一件自己制

SFU校园里旁若无人的日光浴者

作的巨大斗篷，没想到现在女儿也在家里如此礼佛。只是我没好意思问
他们是皈依了佛门还是只是烧香而已。前者好像可以称为信仰，后者似
乎只能叫迷信了。

　　"迷信"这个词在中文里应该算作贬义词，这样的标签背后似乎暗
含着价值评判，这就是无所不在的文化。后现代疗法中的两大疗法——
叙事疗法和女权主义疗法——中的女权主义疗法就特别强调文化的因
素，强调主流文化或强势文化对亚文化或弱势文化的压迫。这种建立在
文化上的话语权无处不在，比如前些天我向一名虔诚的基督徒问起万圣
节的事，在此之前我从一个从青岛移民到加拿大的年轻女孩那里听说万
圣节很好玩，她每年都加入狂欢。她说她一定会精心制作奇装异服，然

SFU教学大楼走道上的图腾挂饰，来自印第安土著文化

后在那天随男朋友到一家家酒吧狂欢，还叮嘱我一定要去城里的商业区看看，那里可能会遇到许多好玩的人。可我向我面前的这个基督徒打听时，他告诉我最好别去，因为那里晚上有同性恋者和吸毒者出没，有些人还会借着狂欢以醉酒之名做坏事。最后他告诉我"真正的基督徒是不过万圣节的"。

你可以看到，不同文化背景下的话语是如此的不同！

所以，文化不仅仅关乎民族、国家，更潜藏于宗教、性别、年龄、职业、家庭等诸多因素之间。这样看的话，你甚至可以将个体与个体之间的不同也归于文化不同这一范畴。文化之间有权力斗争和不同叙事，当然也有分享、交流、宽容、相互影响和融合。

所以，每次在咨询中，当你开始下判断、提建议时，一定要注意反省一下自己话语背后的文化因素。这种检讨对于咨询师来说是重要的也是必要的。如果没有这样的检讨，你就不能放空自己，包容你的当事人；而如果你无法先包容他，那你往往就会在此后感受到他的排斥，莫名其妙地在咨询中遇到阻抗，甚至因此而失败。

这一切都是因为你从咨询一开始就站到了当事人的对立面，成为他文化上的敌人！

相由心生，你看到的丑陋都只不过是你自己丑陋内心的投射而已。

敏感与偏见

在国内的时候，我想自己还算是个比较自信的人。尽管心理咨询师这一职业要求自己应该有足够的敏感度，但是在职业之外，有时我也挺大大咧咧的，因为个体总的精力是有限的，你无法做到事事都很精致、细腻。

否则，也许早就成了强迫症患者了。

可这次出国，最初那几天，我却觉察到了自己的敏感。

确切点说，委实有点过敏。

我会去想，那个我到的那天送我去超市买日用品的男生为什么会忘记我还没有吃午饭，是不是不耐烦了？我问了那个中国邻居三次他才吞吞吐吐给我他的电话号码，结果还是个打不通的错号码，是不是他不想我去麻烦他？两门课上最漂亮的加拿大女生为什么都不太爱搭理人，是不是这世界上哪里的女孩都一样，一漂亮就高傲、就爱摆谱？

诸如此类，不过幸亏都是一闪念，后来发现几乎都是偏见：其实那个男生已经帮了我不少，休息日都没在家陪从国内来看他的父母；那个邻居本来就是挺内向的，他正闭门写自己的博士论文，注意力根本不在

夕照共冰轮：SFU著名的回字型教学楼

你身上；课上的同学们，当你主动和他们沟通，尤其是他们觉得能从你那里学到东西的时候，还是挺愿意和你交流的。

总之，你又是谁，凭什么要别人来帮你？或者能帮你已经不错，你却还要评估他们是否热情、主动？

当一个人软弱时，就会对别人、对环境有期待，甚至有不恰当的、过分的期待，而当这些期待落空的时候，就会有不满。但是，你有没有想到这些期待都是你的主观感受，别人本来并没有亏欠你什么，所以，这一切的负面情绪都是你自找的！

当一个人软弱的时候，就会丧失自信；没有自信时，就难免多疑；多疑时，就会敏感。而过度敏感，往往与偏见相联系。你会对别人、对环境产生不客观的判断和评价，进而给别人贴上标签，戴上一副有色眼镜来扭曲世界！

就像苏东坡和佛印那场著名的嘴仗。

苏东坡对着佛印看了看，说："我看到了一坨屎。"

佛印回看了他一眼，答："我看到了一尊佛。"

一直在机锋PK中输给佛印的苏东坡以为自己在这一次嘴仗上赢了，回去向同样才情出色的苏小妹炫耀："今天我对佛印说你是一坨屎，而他却对我说你是一尊佛，哈哈哈哈。"不料却遭苏小妹的兜头冷水："你这次可输惨了。"

"怎么讲？"苏东坡急忙问内中缘故。

"佛家说人眼中所见是自己内心的观照。自己的内心修得越好，看到的东西也就越美好。"苏小妹解释道，"你说佛印是屎，那说明你的内心是屎；而佛印说你是佛，那只能说明他内心是佛。你这一仗可真的输到家了！"

所以，对自己保持敏锐的觉知是重要的。要让自己的心态足够坚韧和开放，要告诉自己"且慢，等一等再下判断"，要问一下自己的内心

是不是足够空灵和美好，否则，相由心生，你看到的丑陋都只不过是你
自己丑陋内心的投射而已。

咨询时我们常常以为看到的、听到的都是真的，这部分因为我们善良，也部分因为我们经验不足。

看到

当我看到雨一下起来就难以停止、一周都是冷雨霏霏的时候，我知道温哥华的冬季到了。

当我在难得的午后艳阳下走出家门，看到家门口小水塘里的冰还没有化掉的时候，我知道温哥华的冬季到了。

我看到，然后我知道。

然而，你真的可以透过你看到的，进而就知道吗？

出国前和心理咨询中心的一干同事去黄山玩。也不知道黄山的天气如何，就问以前去过的人。他们都说山上温差挺大的，上山时要带件厚衣服。不过，后来的经历证明，那件厚衣服是所有带上山的东西中最没用的，甚至连看日出都不太冷，不需要穿外套。很辛苦地在山路上负重跋涉时就想，那件厚衣能自己飞到山下的客栈里就好了。

我到温哥华的第一天，阳光灿烂，晴空万里。离开上海时，上海的天气很热，但我听说温哥华的天气已经转凉，所以还特意拿了一件外套放在随身提包里。可下了飞机，发现天气是如此之好。我问来接我的何博士夫妇："不是说温哥华已经挺冷了吗？"他们说："今天刚刚放晴，你来之前连续下了一个多星期的雨呢！"

在此后的一个多月里，几乎天天艳阳高照。我问其他人温哥华的天气怎么不像我以前听说的，他们都说，怪了，今年天气真是反常！

打听到的信息自然不如自己的亲身经历可靠，所谓"眼见为实，耳听为虚"。

真是这样的吗？

你没用到你的厚衣就代表黄山的深夜或清晨不冷吗？你没见到连续的阴雨和冻得化不了的冰就代表温哥华的冬日没有到来吗？

什么才是真相和事实？

我们处在一个资讯爆炸的时代，我们的个体是如此渺小，就像盲人摸象。我们抓住了一点，就开始归纳，然后演绎，试图诠释全局。但是，我们往往是错的。因此，也诞生了后现代主义的思想，认为我们的世界是主观的、难以确知的。我们看到，但我们无法真正知道。也因此，后现代疗法中的叙事疗法认为重要的不是事实，而是对事实的主观认知。咨询的过程就是帮助当事人重新讲故事的过程：解构一个当事人讲的消极、悲伤、无意义的负面故事，然后帮助他重构这个故事，让这个故事变成积极、平静、有意义的正面故事。有点像往白纸上打色光，打上蓝光纸就成为蓝色，打上红光纸就成为红色。

你同意这样的说法吗？

可是，那纸其实是白色的。那么，我们还有没有必要认识到那纸在自然光下是白色的？认识到那纸其实是白色的又有何意义？

咨询时我们常常以为看到的、听到的都是真的，这部分因为我们善良，也部分因为我们经验不足。当那些当事人痛哭流涕地讲他们的故事、义愤填膺地斥责他人的不是的时候，我们常常忽视了对真相的了解。当事人倒不是故意骗我们，只是他们常常陷入自己的悲剧脚本中，太过投入，他们"真诚"的演出使我们也信以为真。我们用被叫做"具

体化"的技术来了解真相，但那些具体化的事实是真的事实吗？或许是真的事实，但它们是被选择出来的特例还是常态？

有时我们找来当事人环境中的其他人来讲故事，结果从父母那里听到了和孩子截然不同的故事，从丈夫那里听到了与妻子截然不同的故事，哪个为真？清官都难断家务事，我们心理咨询师又对个案做了些什么呢？裁判？还是打些色光？还是……

总而言之，当我们看到父子、夫妻不再争吵，我们就大功告成。这是我们的目标，真相似乎并不重要。以后再有麻烦呢？那就等到以后再说吧。

冬天时，人总不如夏秋时那么神清气爽，所以就在这里胡思乱想一

雨日，从我的卧室窗
口望出去

番，又给不了自己一个满意的答案。被天气困在屋里实在无聊时，突然
想起到网上查一下这一周的天气：周一、周二还可以，周三、周四的气
温白天最高不超过摄氏5度，晚上嘛，就是零下喽。

不过，上次问了老师，温哥华的冬季最冷会有多冷？老师想了想
说，不会太冷，也就这样了。下雪时会冷些，但感觉上也差不多。

究竟会如何？到时候自然会知道。《圣经》上不也这么说："不要
为明天忧虑。因为明天自有明天的忧虑。一天的难处一天当就够了。"

更何况冷到下雪时就能滑雪了。想到我的冬季滑雪计划，心情便不
由得好了起来。

后来，我说：打个比喻吧，政治是一朵美艳的罂粟花。

老兵纪念日

前些天与一个朋友聊天，说到了政治。她正在读文化研究专业，所以要看很多专业书，其中不少是涉及政治的。她平素很讨厌政治，但如今不得不读这些书。其实，文化和政治的关系是如此密切，甚至政治就可以看成是一种文化现象，或者就是一种文化。

比如，女权主义，那是一种文化思潮，但也是有政治内涵在里面的，关乎两性的权力之争，关乎强势文化对弱势文化的压制。这些都可以看成是政治议题。

现在许多年轻人漠视政治，以为可以不理会政治、逃避政治，其实我们的生活又怎能真正避开政治呢？即使你不理它，它也会来理你，你就生活在其中。

后来，我说：打个比喻吧，政治是一朵美艳的罂粟花。

她大赞：这真是个绝妙的比喻！

这也不是完全的灵感闪现，后来想想，其实那是一种内隐认知的作用，因为那些天正逢加拿大的老兵纪念日。

每年的11月11日是加拿大的节假日，英文是"Canada's

Remembrance Day", 有人翻译成"国殇日", 也有通俗地叫作"老兵纪念日"的, 是为了纪念在两次世界大战、韩战以及维和行动中捐躯的加拿大军人。每年到了这一天, 加拿大人要向为国捐躯的加拿大军人致敬, 参加纪念仪式, 参观纪念馆, 并在上午11时默哀2分钟。

这个日子最初源自"停战日"（Armistice Day）, 是为了纪念第一次世界大战在1918年11月11日上午11时结束。纪念活动始于1919年, 当时在整个英联邦国家举行。加拿大从1923年开始将这一天定为停战纪念日, 并在同一天庆祝感恩节。但在1931年, 加拿大国会正式通过将这一天改为"老兵纪念日", 并将感恩节提前到10月庆祝。

在这段纪念的日子, 我看到一些人胸前佩戴有非常鲜艳的红色小花标志。开始不明白, 后来问了人才知道那是罂粟花, 是这个纪念日的标志。有些老兵会义卖罂粟花标志, 拿义卖得来的钱做一些与纪念或服务老兵有关的事。

可是, 为什么会选择罂粟花作为纪念日的标志呢？我们看到罂粟花好像想到的就是鸦片、毒品什么的。

原来, 其中是有个故事的。

在法国和比利时交界的地方, 有个地区叫佛兰德斯（Flanders）, 是个军事要地。第一次世界大战期间, 为了抵抗德军侵略, 许多战士牺牲在这里。1915年5月, 一个叫约翰·麦克雷（John McCrae）的加拿大军医在一场大战结束后, 在此掩埋军中好友亚里克西斯·赫尔默（Alexis Helmer）的尸体, 目睹了战场的惨状, 他事后抑制不住自己的悲伤和激动, 在一张纸片上写下了以下的诗句：

In Flanders fields the poppies blow（在佛兰德斯战场上, 罂粟花随风飘荡）

Between the crosses, row on row,（十字架林立的墓地）

That mark our place; and in the sky（就是我们居住的地方）

The larks, still bravely singing, fly（天空中云雀依旧自由飞翔，勇敢歌唱）

Scarce heard amid the guns below.（枪声却不再作响）

We are the Dead. Short days ago（不久前，我们战死沙场）

We lived, felt dawn, saw sunset glow（我们曾活着，感受落日余晖、破晓晨光）

Loved and were loved, and now we lie（我们曾爱人和被爱）

In Flanders fields.（如今我们长眠于佛兰德斯战场）

Take up our quarrel with the foe:（我们要继续战斗，永不懈怠）

To you from failing hands we throw（从我们低垂的手里接过火炬）

The torch; be yours to hold it high.（在你的手中把它高高举亮）

If ye break faith with us who die（假如你背弃了曾经的誓言）

We shall not sleep,though poppies grow（我们将永不会安息，尽管血红的罂粟花会依旧生长）

In Flanders fields.（在佛兰德斯的原野上）

1918年，约翰·麦克雷因患伤寒死于佛兰德斯，而这首名为《In Flanders fields》（长眠于佛兰德斯战场，原名《We Shall Not Sleep》）的诗则以民歌的形式在欧洲前线和北美后方广为流传，凡是听到它的人，无不为之深深动容。为了纪念这位作者和他的诗作，加拿大造币厂将这首诗的第一段印在加拿大的十元纸币上。

也因此，后来美国人莫尼亚·迈克尔（Monia Michael）开始佩戴罂粟花纪念战死的战士，她还通过出售罂粟花资助伤残的退伍老兵。再后来，法国的盖林（E.Guerin）夫人也通过出售手工制作的罂粟花为被战

10元加币的正面，是历史上首相约翰·亚历山大·麦克唐纳爵士（John Alexander Macdonald）的头像

10元加币的反面，有《In Flanders fields》的第一段

火蹂躏的地区的贫苦儿童筹款。她在1921年访问加拿大，说服了加拿大大战退伍军人协会（现在的加拿大皇家退伍军人协会）接受罂粟花为老兵纪念日的标志，用来筹款。所以，从每年10月的最后一个星期五开始，到11月11日老兵纪念日，有千万枚罂粟花标志被派发给大众，人们将这个标志佩戴在衣服的左领上或接近心脏的部位，表示对为国捐躯者的悼念。人们更可以通过义买罂粟花来资助那些需要帮助的老兵及其家人。

于是，在我们看来象征毒品的罂粟花，也就有了一个关乎牺牲、爱、尊重和怀念的主题。

真人秀满足了观众的窥探欲，但真人秀其实并不真。

心理咨询与《创智赢家》

那天在英属哥伦比亚大学（University of British Columbia，简称UBC）和国内的访问学者聚会时，当我自我介绍是做心理咨询的时，大家马上就议论起了温哥华冬季抑郁症患者众多的话题。温哥华的冬季有漫长的雨季，阳光照射不足——临床上就有用照射疗法治疗抑郁症的案例——容易令人心情郁闷、恶劣，所以冬季温哥华的抑郁症患者会比较多。我旁边的一个哥们介绍说他对电脑比较精通，如果大家需要修电脑，他可以免费为大家服务。于是，我就接口："如果大家要修电脑，可以找他；如果要修人脑，可以找我。"

众人大笑。

其实，需要咨询的人还真不少。有为自己咨询的，也有为别人咨询的。即使我到了加拿大，还不断有咨询邮件发来。我一次又一次转介给适合的咨询师。前两天，另一位刚到加拿大的来自北京的访问学者一听她的室友说我是心理咨询师，马上就要联系我咨询她的一位老年朋友的情况，看看他是否精神上出了问题。

现代人，尤其是中国人，处于激烈竞争、快速变化、欲望被高度唤起、追求永不停息的环境中，心理和精神问题越来越多自然是再正常不过的事。

11月中旬的时候收到上海电视台的一封电邮，说要让我推荐一位心理咨询师参与他们的节目，要求是男性、形象好、专业，海归为佳。我一开始不解他们为什么有此条件，后来才知道是沪上王牌真人秀节目《创智赢家》的需要。男性自然是为了配合财经节目的形象需要（娱乐节目往往更青睐美女咨询师，让节目更具观赏性）；形象好自然是要考虑节目的视觉效果；专业是必要条件；海归倒不是迷信外来的和尚好念经，主要是考虑是不是看过海外的真人秀节目，了解其中的运作过程，以便更好地为节目服务。

不过，要在上海找这样的人还真不容易。我当即向他们推荐了两个人，但他们又发来邮件希望我推荐更多人，并且说不必一定是海归，只要了解真人秀节目并对上节目感兴趣即可。据说他们已经找过一些人了，但都不满意。这让我在推荐时颇为为难，我怕我推荐的是已被他们淘汰的。倒不是说我的眼光一定要和他们的口味一致，但基于我对媒体的了解，还是希望能帮他们找到合适的人选。

发电邮给了对方推荐人名单，我上网查了一下才知道，节目如此急迫地需要一名心理咨询师，是因为有一名选手受不了真人秀节目24小时摄像头监控、网上视频播出的压力，出现了"发狂砸损摄像头和家具而被取消比赛资格的事件"（网上原用语）。

据说是央视的《梦想中国》开创了请心理咨询师给节目选手做心理辅导的先河，而它此前已经首开选秀先河。此后，江苏卫视的《绝对唱响》节目出现一些事件，也邀请心理咨询师加盟。更激烈的是不久前，央视《赢在中国》的一位选手因难以承受被淘汰的处境，竟然在节目门户网站上写下要轻生的遗言——"生命中最后的博客"，从而引发一场紧急拯救的危机干预行动。虽然最终化险为夷，却也让人颇为后怕。

真人秀满足了观众的窥探欲，但真人秀其实并不真。那些选手在监控下想表现的只是自己优秀的一面，或者说刻意想让人看到的一面。中国人历来讲究面子，从小又被要求要进取、成功，欲望强烈却又缺乏游戏心态，所以选手往往带着出人头地的想法而来，有些却最终在公众面前受挫，可以想见这种情况下选手的确容易心态恶劣。而且，面对公众的表现，不管是有意还是无意，基本上选手的言行还是戴着面具的表演，而一场旷日持久的全天候的表演自然会让演员们心力交瘁乃至情绪崩溃。对于节目而言，在防止出现严重心理危机（比如自杀）的底线之上，不断施压令选手心态扭曲、行为出轨，恐怕是期待中的结果，因为真人秀节目玩的就是刺激观众眼球的游戏。商业利益驱动之下众人会将游戏玩到最"high"。所以，如果那些选手只是想利用节目搏出位，恐怕最终绝大多数人难免失望。其实，在强力策划下，被节目利用才是绝大多数选手的必然结果。若缺乏这种心理准备，成为节目的牺牲品也不足为奇。

时间已经过去许久，不知《创智赢家》现在是不是有了合适的心理咨询师人选，那位咨询师又工作得如何？希望他能做好，希望选手们能走好，希望节目能办好。

让人高兴的是，和我联系的节目组总协调人王小姐特意捎来了主持人袁鸣小姐的问候。我和她在差不多十年前有过一段时间的合作。那时，我在电视台"玩票"，给他们做一些节目的策划和撰稿。她记性这样好确实难得，怪不得能够如此出色、成功。所以，我还是相信，成功的人自有成功人的特性，绝不是运气两字那么偶然。

暂时的表演永远抵不上真性情的力量，那些真人秀选手应该记住这个道理。就这个意义而言，发狂的选手也许比极度压抑的选手心理更健康些。

在生死面前，输赢又意味着什么呢？照片为
渥太华街头一纪念碑的局部

就像打鼓，要打在鼓面上发出声音是容易的，
但要恰到好处地打对节奏，甚至奏出曼妙一
曲，看似容易，却不简单。

到位的同感

一个月前的一天，收到自我测量课老师的邮件，让我作为嘉宾在课上给同学做个讲座，内容是关于网络成瘾的——因为我们最初见面时聊过这个话题，我提到我曾经在上海做过一些相关的工作——主要是介绍一下网络成瘾的评估和上海在青少年网络成瘾应对方面的工作。那时，我上她的课也不过一个月多一点，突然间要我给同学们做个讲座，对于我是个不小的挑战。这种挑战主要是来自语言上的，如果用中文讲，就容易太多了，不用准备马上讲，大概讲一两个小时也没太大困难。但现在是用英文讲座，单想想那些术语就让人有点犯怵。

当然，中国人的面子观念还是起了决定性的作用，而且我也不擅长说"不"。所以，在思考了一刻钟后，我写邮件回复她："好的，我可以讲，具体什么时间呢？"

她回过来电子邮件："一周后的课上吧。"

我再回复："好！"

于是就开始准备幻灯片，查找相关资料。我原有的资料都留在国内，所以需要凭借记忆来准备，再上网搜寻一些材料。

讲座前的两天，在网上遇到妹妹，于是，有了以下对话。

妹妹：最近好吗？

我：还好。只是有点焦虑，因为过两天要给同学们开个讲座。

妹妹：哪方面的？

我：关于网络成瘾的。

妹妹：这你应该没问题吧。

我：用中文肯定没问题，用英文就麻烦了。

妹妹：那你要好好准备一下，自己先在家练习几遍，到时候就能讲得流利了。应该能讲好的。

我：唉，管他呢，才不高兴演练呢。到时候随便讲讲吧，我又不是外国人，讲得不流利是正常的，只要内容好就可以了……

妹妹不知道接下去该讲些什么，于是我们就开始转聊其他话题。

其实，当我说完"管他呢"这句话的时候，我的感觉就有点不对。等结束和妹妹的聊天，我坐在那里想，到底是哪里不对了。我说我焦虑，妹妹安慰我，我却又说没什么大不了的，让她的安慰扑了个空，好像还多此一举似的，最后她不知所措，只好转移话题。

后来我发现，问题出在同感上。

同感是心理咨询谈话的最基础的技巧之一，是和当事人的谈话能顺利进行下去和建立好的咨询关系的保障。以上谈话当然是再普通不过的日常对话，沟通不顺畅后果也不太严重。但如果放在咨询的角度来考量，却大有反省的余地。

我说"只是有点焦虑，因为过两天要给同学们开个讲座"，妹妹的反应是针对我的"焦虑"的，所以，她给出了安慰和对策。看上去也没什么不妥，但是，仔细想来，我的焦虑是真实的，但我在和妹妹说这话时，与这份焦虑相比，背后更强一些的内在深层情绪是骄傲——"哈，我才来就受邀请给同学们开讲座啦"。所以，那是一种矫情。妹妹照直理解并因此给我的回应自然不在点子上，于是，我会进一步有"管他呢"的说法，好像在说，"总体而言，在我看来那是小菜一碟，即使在技术上我有点紧张"。因此，潜意识里，我要的同感是："啊，以你的能力，那是小事一桩，你搞得定的！"

　　有一次香港突破机构邀请香港中文大学的梁湘明博士来给我们做培训，其中就有我们觉得很简单的同感练习。做过一年半载咨询的人大多对此不屑一顾，同感技术最基础，还用得着反复练习吗？可是，那一次我却很有感触。我们是4人一组练习，其中一个人讲几句话，另两个人对此给出自己的同感，第四个人给出观察反馈并判断哪个同感更能让

校园里的学鼓者

第一个人满意，最后再由第一个人反馈他觉得两个同感哪个更到位。然后，我们发现表面简单的对话中暗含的信息也是不简单的，要给出恰当而精妙的同感并非那么轻而易举。如果你不能把自己放空且充分设身处地地以别人的心态思考问题，如果你自己的情结没能充分消除，你给出的同感就往往是自己的投射，甚至是不着边际的空炮。以满分10分为标准，有一定实践经验的人给出的同感达到6～8分的水准还不算难——其实即使没有专业训练，一般人若敏感些的话也许也能达到这样的水准——若要给出9分甚至更高水准的同感，就困难了。而正是后者才能让我们的当事人有被"击中要害"的"触电"感觉，才能有找到知音一吐为快的释然，才能充分感受到心理咨询师的善解人意和专业水准。就像打鼓，要打在鼓面上发出声音是容易的，但要恰到好处地打对节奏，甚至奏出曼妙一曲，看似容易，却不简单。

总之，有时我们追求高难的心理咨询理论和技术，还不如把基本功搞得扎实些来得重要呢。如果因为同感失败影响沟通和咨询关系，你即使有什么理论体系和技术，恐怕也难以有机会施展了，因为你的当事人怕是早就脱失离你而去了！

我们要逃避，我们被强化，于是我们往往成瘾了却还不自知。

我成瘾了吗

最后定下的讲座题目是《上海的实践：帮助青少年控制他们的网上行为》。这是我一直以来的观点：只是网络行为控制，而不是戒网瘾。

究竟有多少青少年的行为称得上网络成瘾？华东师范大学心理咨询中心的网页上有网络成瘾的自我测评表，是根据杨（Kimberly S. Young）在1996年提出的最有影响的8条标准而用符合学生特点的文字改写的。以他的标准，8条标准中你符合5条或更多，就可被判断是网络成瘾了[也有学者，如比尔德（Keith W. Beard），认为8条标准的前5条是必需的，而后3条中只要符合1条就可以了，也就是至少要符合6条]。我查了我们国家的一些研究用的标准，2005年中国青少年网络协会所作的《中国青少年网瘾数据报告》是这样界定的：当你在问卷中对"上网给你的学习、工作或现实中的人际交往带来不良影响"这项答"是"时，只要你进一步满足以下三个条件中的任何一个：（1）总是想着去上网；（2）每当因特网的线路被掐断或由于其他原因不能上网时会感到烦躁不安、情绪低落或无所适从；（3）觉得在网上比在现实生活中更快乐或更能实现自我，即判定属于"网络成瘾"。换言之，只要2条

就可以"判刑"了。根据这一研究标准，我国青少年网络成瘾人数比例为13.2%。

你认同这样的标准和结论吗？

我看到过一个研究数据，说美国青少年每天上网的平均时间是4小时，我不知道我们的学生群体情况如何，至少我相信，如果我们的中小学学生一天上网4小时，许多家长恐怕会急疯的。我依据经验判断，我们中小学学生中应该不会有13.2%的人每天上网超过4小时的（也许我的观察经验是错误的）。我在想，如今网络成瘾的概念在中国如此火爆，是不是只是一种文化现象或社会病（而不是临床诊断意义上真正的网络成瘾）？一种概念上的假病？一种中国家长望子成龙心态的副产品？一种学生在学业压力或挫败感之下的厌学行为反应？成瘾行为最重要的标准是脱瘾反应，也就是不上网就没法过日子，但我一直认为如果我们的青少年有更丰富多彩的生活，比如旅行、探险、自由的异性交往、能引发他们兴趣的康乐活动，我相信他们很容易从网络中走出来。也因此，我一直把我们的工作称为帮助青少年加强"网络行为自我控制"，而不是所谓的"戒网瘾"。

不说青少年，有一次我应一家平面媒体的邀请去主持一个青少年网瘾咨询热线。热线设在报社，我接电话的间隙，记者就和我聊对网瘾的看法。我对记者说，"我觉得大多数人都不是真正的网络成瘾者，你看看你们的办公室，有多少员工整天挂在网上？你每天上网几小时？而那些孩子又上网几小时？我们说孩子网络成瘾，恐怕我们自己先已经网络成瘾了。"成人总是自以为是，高高在上，主观、武断地判断网络给青少年的学习、工作、社交带来不良影响。什么叫不良？不符合成人标准的就称为"不良"吗？为了考试分数，父母强行禁止孩子接触网络，但小心，未来的生活是离不开网络的，如果你不是熟悉网络的人，恐怕未来的生活会落后于人呢！

我到了温哥华后充分体会到了网络的重要性。什么事都可以通过网络搞定：查课程、查资料、查交通、租房、购物、社交。没电话只要有网络和计算机就可以打电话；没电视、收音机，只要有网络和计算机就可以收看电视、收听广播。所以，我觉得我充分地"网络成瘾"了（至少属于"网络依赖"）。我问了我们所有的中国留学生、访问学者，几乎都是如此。就像那些天因为暴风雨停电、断水让人抓狂一样，没有网络也让人抓狂不已。

我前些天听说一个消息，一名香港留学生早上起来发现她两张银行卡里的钱都被人用电子邮件转走了，所有的钱在一个上午全部消失，银行觉得转账数额大，例行打个电话跟她核对一下，她才知道自己的账户出了问题。电子邮件转走钱？这听起来像那些好莱坞大片里高科技偷钱的把戏，今天却发生在我们普通人身上。所以，未来人们不是不上网，恐怕是要学习网上防身术了！

放胆讲的时候，就忘了什么单词、语法，也就忘了什么是紧张了

我们的社会正在高速发展，变化多端，我们的安全感也受到极大的挑战，因此成瘾恐怕在所难免，也容易泛滥成灾。我们有网络成瘾、药物成瘾、减肥成瘾（神经性厌食症），这些都列入了我们的诊断标准，但是那些没有列入的呢？比如有没有好成绩成瘾？有没有赚钱成瘾？有没有升职成瘾？我们要逃避，我们被强化，于是我们往往成瘾了却还不自知。

那些成人世界的成瘾行为恐怕比孩子迷恋网上游戏更严重吧。

所以，我们要不时问问自己：我成瘾了吗？

依我的想法，幸福是期待和失落、追求和得不到之间的距离，那是一种相对的、主观的东西，即所谓"主观幸福感"。

什么叫幸福

"啊，什么？"

"你叫什么？"

"杨红旗啊，刚才你问我什么？"

"什么叫幸福？"

"幸福啊？"

"嗯，你怎么看？"

"幸福，那就是，我饿了，看别人手里拿个肉包子，那他就比我幸福；我冷了，看别人穿了一件厚棉袄，他就比我幸福；我想上茅房，就一个坑，你蹲那儿了，你就比我幸福。"

旁人笑。

"可笑吗？没上过茅房啊……"

很早就收到过一个视频文件，内容就是上面这段对话。由看上去蔫了叭叽的范伟和一脸坏笑的王志文这两位名演员一问一答，感觉非常逗。我知道它的画面来自电影《求求你，表扬我》，但我一直以为那些对话是另外配了音的，而不是电影原版的对话。直到我今天在网络视频上看了《求求你，表扬我》，才知道原版电影就是那样的，而且这段对话出现在电影的开场部分。

其实，很早就想看这部电影了，可一直没时间看，没想到如今在温哥华借助网络看了它。期待看这部影片，一则因为那个有趣的视频片断；二则喜欢那两个主演和导演；三则关于影片内容的介绍也让我很好奇，好奇导演是如何将一个好像很普通的题材演绎成一部90分钟的影片的（顺便说一句，黄建新的《黑炮事件》拍得还是很不错的）。

说实话，我觉得这是一部很值得一看的电影。尽管我看的时候网络传输有点不稳定，我是分了三次才断断续续把整部电影看完的，不过这也从侧面说明影片的悬念设置和演员演技不错，所以才能吸引我一直看下去。尤其当影片看似快要简单结束之际，却又突然给出一个你意料之外的结局，让你记起并打通前面的一些细微的伏笔，使得电影一下子不落俗套起来。虽然并不是那种美满结局，会让你看后觉得比较郁闷、不甚舒服，但这样的处理却能让人对整部电影有更久的回味和思考。

幸福感的研究是如今心理学研究的重要主题之一。对于人的一生什么才是幸福？什么才是值得一直追求的？上面一开始引用的对话反映的是幸福感源于比较，比别人好就让人感到幸福，这已经是积极心理学中的一个很重要的研究结论了。此外，依我的想法，幸福是期待和失落、追求和得不到之间的距离，那是一种相对的、主观的东西，即所谓"主观幸福感"。也许我们可以用心理物理学的方法来进行实验研究，甚至做出一个函数来，类似于心理物理学中的阈限研究——如果能做出人的幸福感阈限就好了——但我也相信其间的个体差异一定很大。

影片中的老父亲杨胜利的追求是满墙的奖状，他甚至要求儿子杨红旗也应该有奖状、表扬，否则死不瞑目；儿子杨红旗的追求是被报纸表扬一回，以满足父亲的愿望，因为他要当个孝子；记者古国歌的追求是新闻的真实和价值，因为他是个名记者；他女朋友刑警米依追求的是男友的真诚、可靠，甚至不惜动用刑侦手段对付古国歌；被流氓侵犯的女大学生欧阳花追求的是自己的名节，自己未来的绝对安全比感恩更重要；报社主编追求的是新闻的轰动效应和得奖；村支书追求的是自己的功绩能被媒体宣传……所有人的满足和烦恼都与追求的成败有关。

而那些欲望交织碰撞，相互满足或者相互不满足，以至于古国歌最后非常困惑，甚至因实在想不明白而辞了职并与女友分手："这件事让我都不知道什么是对什么是错了，那我怎么能继续做下去？！"（原句记不真切了，意思大抵如此吧。）

幸福关乎对错吗？

幸福不关乎对错吗？

这也是一个要命的问题。在当今中国，个人中心大行其道，传统价值观的崩溃使追求变得不择手段。"发展是硬道理"，我要"发展"，顺我者昌，逆我者亡。"发展"确实让人强大，但极度的追求"发展"之后，世界又会怎样？如果强大没有好的方向，强大将更为危险。

出国前和我在上海外国语学院一起进修英语、现在在美国访学的一位学医科的副教授上网看了我的专栏后，对我说："我不喜欢看你那些文章，那都是文人的调调。"我猜他也会这么说。他的专业研究之一是培养那些专业实验用的小白鼠。他一定觉得那些小老鼠更有意思，能给他带来课题经费和房款，在那里酸酸地讨论抽象的生活理念又有什么意思？

可惜，我做的是心理咨询。

当我们面对那些在人生路上遇到挫折、心结难解的当事人时，这些问题和思考是我们绕也绕不开的坎。我们即使不自问，他们也会问我们，尽管我们不见得比他们明白多少。

有些人幸福，是因为他们从来都不想这些问题，或者他们还没有遇到逼他们去想这些问题的处境。这也是一种活法。也好，祝他们幸运到永远都不必去想。

　　有人采访导演黄建新，他对自己作品的诠释之一是觉得在如今的现实生活中，"实用主义已经代替了理想主义"。对于我们中的大多数人，实用主义者的幸福观与理想主义者的幸福观定有一番交战。

　　激战，在我们的心灵深处。

幸福来得容易还是来之不易？熊和鲑鱼，加拿大土著的常用意象

从心理咨询角度看，咨询师对当事人的叙事的
解读也是一次解构和重新建构的过程。

我看懂了吗

写完上一篇，为了配一张照片就上网去找，照片找到了，也发现了
一堆对于《求求你，表扬我》的影评。所以，顺便也打开看看。不看则
已，一看却出人意料，让人感慨。

我看了电影大意，加上以前看了开头的视频的铺垫，所以写了那
篇《什么叫幸福》，但其他人看了其他东西写了其他的评论。尤其有些
观众第一遍没看懂，又仔仔细细看了两遍，甚至三遍，于是又看出不少
"别有深意"的东西来。有人认为这是一部充满隐喻的影片，影片的细
节设置非常用心，大到场景的选择，小到一句台词、一件道具或是一个
姓名，都不是随意布置而是刻意安排。比如，为什么影片选择青灰色的
阴天作为背景且要到南京拍摄？为什么主人公的名字叫"杨红旗"、
"谷国歌"？为什么最后主人公从南方都市出走去了北京而且最后一幕
要发生在故宫？其他被认为具有隐喻意味的镜头还包括：街舞青年、自
行车后绑在竹竿上的破红衫、满墙的奖状、超长的自行车追车片断、村
支书的着装是西装还是夹克，等等。

导演通过镜头说话。一部影片短短两个小时，说得却是几天、几

这两张照片有什么蹊跷？

周、几月、几年乃至几世纪的事，所以在浓缩的时间中选择怎样的镜头来叙事，导演自然不会太随意。这就像我们的当事人，当他坐在你面前——尤其是第一次——他开始说他的故事，他怎么说又说些什么，都可以被认为是意味深长而值得我们好好分析的。为什么选择从某个主题开始，或者某些主题的反复出现，或者某些主题的隐喻，也许是他有意识的刻意安排，也许是他无意识的"刻意"安排，背后都是信息，等待我们去解读。

但另一方面，就像各种影评，观众的解读究竟是不是击中导演的所思所想，如果没有导演的反馈，我们自然还是难以确定（甚至导演给了反馈，我们也还是不知道这是不是导演的初衷、后补或是顺水推舟）。从建构和解构的角度看，观众是在进行二度创作，这种二度创作甚至已经与导演的一度创作关系不大了；从心理咨询角度看，咨询师对当事人的叙事的解读也是一次解构和重新建构的过程，当事人选择了以什么角度、事件、细节来叙事，咨询师又选择了以什么角度、事件、细节来倾听，其间有多少是客观的，又有多少是主观的；有多少是原封不动的镜面反映，又有多少是咨询师自己情结和投射的扭曲结果？在快速地对话和互动中，真相被选择和扭曲。对此，分析学派说一切是必然的，后现代学派则说一切是不可确知的，你会怎么看？以个体生命之有限去认识天地之无限，是可能的吗？

我以为自己看懂了《求求你，表扬我》，不想看了众多的影评，我发现自己还存在诸多盲点和未知。我想，我们的当事人恐怕比影片难懂多了，所以，以后在咨询时我要多多问问自己：

我懂了吗？

我真的懂了吗？

对于适应，我的看法是，适应的好坏应该是有
层次的。

适应

这个题目是一直想写的，但也一直不确定什么时候写比较好。到温
哥华已经两个半月，时间好像过得很快，两个半月转瞬即逝；又好像过
得很慢，还不到一年访学期限的四分之一。

觉得时间过得慢是不是适应得不够好的表现呢？

何郑莹博士在两个月前说我适应得还不错，刚到温哥华不久生活就
进入正轨：开始上课，了解基本的交通并四处乱逛，交了一些朋友，生
活自理得不错，还参加了短途旅行，诸如此类。她说中国留学生在这里
生活很不容易，有些人很久了都还不适应，你应该算适应得很快、很好
的了。

不过，对于适应，我的看法是，适应的好坏应该是有层次的。

最低的适应层次是生存：你要能够在新环境里拥有最基本的生存能
力，能让自己活下来。

再高一点的适应层次是活得自得其乐：你除了最基本的自我生活
外，能与外界有基本的联系——比如社交，比如学业——并胜任这些基
本活动。

在中国留学生家聚餐，大家在包手擀皮饺子

再往上是活得有质量：生活比较丰富多彩，能自由自在并深入地与人交往，了解、接受新环境的文化并融入其中，甚至有自己的生活使命。

在温哥华一家华人电视台工作的一位朋友见多识广，他评论了自不同地区来加拿大的中国人的适应方式，他说，来自上海和来自香港的移民比较能吃苦，愿意放下身段，不管你以前做什么，到了新的地方，即使一时找不到适合的工作，为了谋生可以先从任何工作做起，认为生存是最重要的；而北京和台湾来的移民适应期要长一些，他们相对拉不下面子，对工作挑三拣四的。

不知他的观察是不是准确？

他的另一个观察是，原来的华人移民为了生存，常常是拼命工作或者专心经营一份生意。如今，一些事业出色、有经济实力、语言好的华人也开始谋求政治上的话语权，参加竞选，进入政坛发展。这对于提升华人的地位是很有好处的。否则，即使你钱多，也不见得有多高的社会地位。

所以，适应是可以有不同深度的。

其次，我觉得适应是有态度和方式的。去比利时留学的贝文发邮件给我，建议我多尝尝国外各种各样的乳酪，她觉得挺好吃，更重要的是"既然出了国，就应该多品尝一些异国的风味，否则，老吃国内有的食物，还算什么出国呀"。听她说的也有道理，不过我取的是平衡之道。体验固然是要多体验，但日常的食物我个人还是习惯中式的。比如我还是不习惯吃生菜、喝生水，我还是不习惯吃比上海的还要甜十倍的派（pie），我还是不习惯吃开胃的腌制小橄榄（腌的小黄瓜倒是酸酸甜甜的挺好吃），至于乳酪，品种繁多，有的好吃有的不好吃，我也记不住。所以，所谓适应，你可以选择完全按照本地人的方式饮食起居，也可以选择保留自己的方式，尤其对于我这样的短期停留者。但如果是移民呢？每个人当然可以有自己不同的定位和应对模式。

最后，适应可以是无止境的。比如吃饭，如果你自己做，做一周、一个月、一年，感受是不同的。换句话说，你适应得了一个月不代表你能适应一年，你能适应一年不代表你能适应一生。诚如第一点说的适应的层次和深度，人的一生也可以看成是一个不断需要个体调整适应的过程。同样在温哥华生活一年，在阳光灿烂的夏秋抵达温哥华的人与在阴雨不绝的冬日抵达温哥华的人，其适应过程恐怕会是不一样的。有些人先甜后苦，有些人先苦后甜，都是需要个体适应的。

一位好友发邮件来祝福：愿那里的人们善待你。怎么才算是善待呢？最早我预期学心理咨询的人应该比较热心、乐于助人，但后来发现班上那些学咨询的同学们好像没有自己想象得那样热情，但也谈不上疏远，可以算是不咸不淡吧。那天大雪阻路，没上成最后一次咨询实践课，我以为课就因此取消了，可前两天老师发来邮件问我是不是不知道还有最后一次课，我才知道他们补上了一次。老师在邮件的最后写道："同学们都问起你呢！"老师在此还特意打了感叹号。

于是，一下子觉得自己适应得还不错！

个体对于宇宙、命运之渺小，就像那只蚂蚁一样，又如何能明白那些事——尤其是身处挫折、受打击的困境时——背后的意义？！

意义

这也是一直以来想写的题目：我为什么来这里？到加拿大访学这件事对我的意义何在？

这甚至应该作为第一篇文章的题目，但因为当时我自己对此也不是很明确，所以一直没写。其实现在我还是不太明确，但觉得来了近三个月了，就如同"适应"这个题目一样，好像到了应该写的时候了。

想来像是顺理成章的事，以我的理解：以前主管我工作的学校领导觉得我工作还不错，又一直在基层默默工作，学校也没给过我什么特别的嘉奖（比如升职），所以就一直希望给我个出国的机会作为对我的鼓励，甚至为此想方设法一再寻找一些比较好的出国机会提供给我。而我也很感激她的这番美意，如此这般就到了加拿大了。从申请国家留学基金被批准到语言进修，到了真要走的时候，竟然问自己：我真的要去了吗？我真的想去吗？

说真的，我对访学一年的兴趣不是太大，尤其后来我还听说另一位校领导因此还误会我是个很想出国的人——学校心理咨询中心工作这么忙还操持出国的事。对于我来说，国内的事业一直进行得还算顺利，

野地里的花怒放的意义是什么

手里有忙不完的事，做访问学者要出国一年，不长不短，恐怕学也没学到什么，手边的关系却全部中断了，回来后还要重新适应和接续。不像去国外名校读个博士学位，有压力，时间又够长，恐怕这样长进和收获会更大些。而如果是考察访问，3～6个月，对于文科项目已经足够。如今资讯的交流是如此便捷，牵上线就可以了，根本不必人到海外长期待着（海外有更好的实验条件，那些工科背景的访问学者在海外留驻的必要性更强些）。比如心理咨询，他们硕士、博士的课程的程度也就这样了，真要学东西恐怕要去参加他们各咨询流派的专题培训项目，那类项目的学习费用如果按人民币折算，价格超贵，国家基金提供的这点生活费根本不够用。所以，我一到温哥华见到大使馆教育组的官员，就对他们说了这个意思。因为被批准来的访问学者大多还算是优秀骨干教师，学历也不低，3～6个月的访问建立关系的时间已经足够，一年反而不尴不尬的，还不如把有限的国家资源（钱和机会）更多地给予那些更年轻的人呢！

据说现在的国家基金已经更倾向于给高校年轻教师提供海外攻博的机会，我觉得这种改变是对的。

那我来这里做什么？

佛教讲因果。我之所以来这里，一定是有些前因，即使我不知道那些前因是什么。比如，我申请访学，第一志愿报的是美国，第二志愿才是加拿大，但那年中美关系比较紧张（我自己是这样归因的），绝大多数人去的都不是美国（而是加拿大、英国、澳大利亚等国）。因为自己忙忙碌碌，出国的事也没有多操心，香港青年基金和香港突破机构和我们合作多年，所以很热心地帮我牵线搭桥。基金会的会长蔡元云医生

我们疾跑如松鼠，因为觅食或恐惧，因为要生存

最后托了在温哥华做青少年咨询工作的何郑莹博士，然后又找到欧本（Oborne）博士，他又托他的朋友、在SFU教书的霍华特（Horvath）教授当我的保证人（他不发邀请，我就无法申请签证），于是，我来到这里。许多事看似偶然，但推演过来，环环因果相扣，势成必然。但这些线索充其量也只是途径，好像不能算意义。

爱因斯坦说"上帝是不扔骰子的"，一切也不是偶然。即使你现在不了解其中的意义，未来自会看到神的美意。所以，就这个角度看，现在以凡人的力量对神的安排妄加揣测，恐怕是不可能得其要领的。

单就我自己的观察，我在温哥华的收获有：体验了海外的文化风情；跳出本土的环境，对世事人情有了一个新的观察和思考的视角；有机会过比较休闲的生活，学习慢慢生活；有大量的时间用于思索和反省，关于自己、服务的机构、社会乃至国家，关于过去、现在和未来。

关于意义，有个比喻是我非常欣赏的，在这里与大家分享：想象有个孩子在树下草间的泥地上观察蚂蚁觅食、搬家，有一只蚂蚁奋力前行，因为它觉得前方有它需要的食物，但那孩子却发现蚂蚁行进的前方有一片水正漫来，如果蚂蚁继续前行，必定被淹死。于是，他决定救蚂蚁一命，他找了一块木板挡住蚂蚁的去路，蚂蚁前行不得又想绕行，那木板继续移动阻挡，数次之后，蚂蚁倍感挫折，大声怨恨障碍之重重、命运之不公、所追求之不可得。

它哪里知道，那些阻碍其实救了它的命！

在人生的旅途上，我们会遭遇许多事。个体对于宇宙、命运之渺小，就像那只蚂蚁一样，又如何能明白那些事——尤其是身处挫折、受打击的困境时——背后的意义？！

这个比喻，对于我们情绪低落的当事人，乃至对于我们自己、所有人，是不是都是有益且值得深思的？

在帮助当事人明确大方向后，咨询师能不能提供一些有效、实用的方法帮助当事人应对面临的困境，对于咨询的效果来说很关键。

给老外当模特

哈，看了题目你不要想歪了。所谓"当模特"不过是给加拿大同学当模拟咨询时的当事人而已。

其实，这已经是一个半月以前的事了。那天和SFU的法裔美女教授纳塔莉（Natalee）一起去滑雪，她告诉我她没有让修她"咨询实践（初阶）"课程的两个学生过关，我才又想起了这事。她当时说，她觉得那两个学生——一个是年龄挺大的为人热情、善良的妇女，另一个是个壮实的黑人女性——咨询水平还是不行，所以尽管那是一个很艰难的决定，但她还是下决心关掉了她们。那两个女生很沮丧、伤心，甚至有些愤怒，她分别和她们谈了很久，可结果是不会改变了。想想纳塔莉上课时笑眯眯好像很随和的样子，但"杀"起人来却毫不手软（所以，我初到SFU，就看到学生自编的刊物中有一块就是老生写的选课指南：选什么课比较挑战，选什么课容易过关。这可是一门学问。我在加拿大的朋友吴绛告诉我，他曾经"误入白虎堂"，选了一门学生视为畏途的课。那个教授是计算机领域的牛人，有一次他认为所有学生都达不到他的要求，于是竟然关掉了全班同学！他前面的诸次测验多有不及格，但

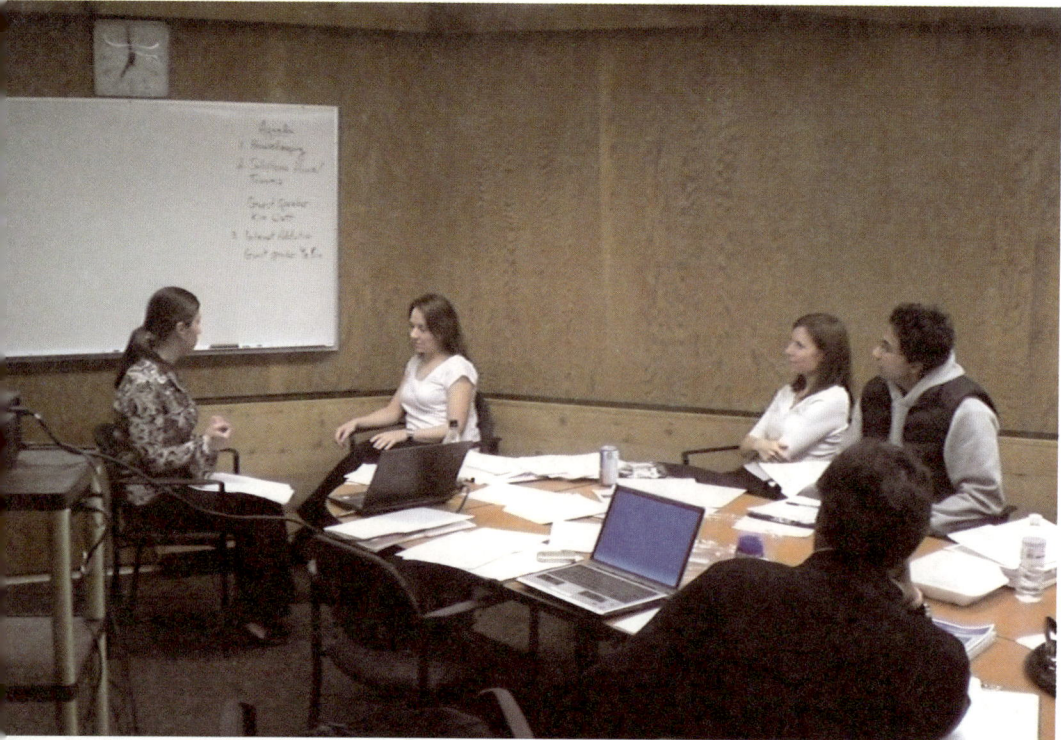

角色扮演是上课常用的手法之一

最后的期终考奋力一搏才涉险过关）！看来明年一月我继续上"咨询实践（进阶）"课程时，老同学中要少掉两位了。"咨询实践（进阶）"课程的老师是基茨（Patrick Keats）教授，我见过一面，感觉也是一位挺厉害的教授，不知届时是不是还有学生会被关掉。

我当模特的这门课不是"咨询实践"课，而是"自我评估"课。学生都是心理咨询的初学者，挺认真、用功的。他们原来是7个人，我加入后人数正好是偶数，可以2人一组进行练习。其中有一个重要的作业是模拟一次咨询（至少45分钟）并录像。纳塔莉问我介不介意和塔拉

（Tara）搭档完成作业，我说怕自己语言不好，进行不下去。老师说没关系的，因为我们也可能遇到语言不好的华人来咨询，你就做当事人好了。

于是就这么决定了，我必须当一回当事人。

塔拉是一个年轻女孩，不住校，挺忙的。所以，过了很久才定下完成这个作业的时间。那是一个星期天，因为平时在学校要找一个安静且不受打扰的地方实在很困难，所有的教室都在使用中。塔拉预先借好了摄像机，准备好了录像带，结果等到了学校见了面，才发现原以为休息日不会有人的我们平时上课的小教室里还是有人在上课，最后只好找一个很少有人路过的半封闭的过道来完成这次录像。

在国内，无论上课还是带实习，我都当过当事人模特，"刁难"咨询师对我来说是小菜一碟。不过，这一次一开场，我就发现难度很大。塔拉是初学者，入门当然多按当事人中心疗法的路子走，这就意味着我要说得很多，而她在那里提些开放式的问题并"嗯嗯啊啊"就可以了。

我开始编故事，当然也要有点相关的生活感受才行。我设想自己是一个刚到温哥华读硕士的学生，因有许多生活不适应，情绪恶劣而去咨询。除了描述了我的糟糕情绪以及失眠、食欲差等情况外，我还声称自己想家、语言和学习有困难、文化适应和人际关系有问题等，总之，一大堆好像相关又不尽相关的问题。这些只是我们在学校咨询中常见的新生适应问题，常常以"综合征"面目出现，考验的是咨询师在询问情况、同感、建立关系、推进咨询等各方面微妙而恰当的平衡。在第一次咨询中，咨询师有太多的问题想问、太多的事可以做，你选择怎么问、怎么做，当事人又希望得到什么，其中的轻重缓急看似简单，却很考验咨询师的经验和功力。塔拉显然有点手忙脚乱，显而易见经验不足。不过，不管我如何多次给她施压，问她该怎么做，她就是不给建议，而是岔开又问我一些其他问题，很忠实于人本的原则。

我印象比较深的有两个环节。

一是我说我感到这里的文化和中国有差异，不适应。这里人情淡漠，没人主动帮助我。她马上就问："那你向别人求助了吗？"我说没有，因为我怕别人拒绝我，我听说这里的文化是自己的事自己做，不要轻易去麻烦别人。她又说："你没试过，怎么知道别人会拒绝你呢？"

"那我去试试吧。"我说。

"嗯！"她显然很高兴于我接受她的建议。

但我又给她设置了一个难题："听了你的话，我觉得是该去试试，不试怎么知道别人会不会拒绝我呢？但是，如果我试了，别人真的拒绝我，而且因此给别人留下了不好的印象，我又该怎么办呢？这样情况不是变得更糟了吗？"

她被我绕了一下，顿时不知道怎么回答了。

其二，我抛出了许多困难，她后来终于理清了思路，问了个好问题："那什么是你觉得你现在最想解决的问题？"并进一步探索"为什么"。于是，慢慢推导出一个当事人应该解决的核心问题：语言。如果英语够好，学习、人际、生活等方面的许多问题都可以应付了。她松了口气，感到自己终于抓到了我的要害，不过，我不让她轻易过关，就追问她："我确实觉得英语能力是关键中的关键，这个环节解决了其他问题一定会改善。但我该如何快速提升我的英语水平呢？"显然她不知道该如何做，顾左右而言他，将这个重要问题搪塞了过去。

这两个环节，前者她如果擅长认知治疗，可以继续抓我的非理性观念，或回头再度澄清我的需要（"你到底最想要的是什么？"），可能外国人的思维没有中国人那样矛盾，也没有中国人这么爱追求完美，要求助、要面子、要好的人际关系，什么都想要，这样就容易将简单的事情复杂化。所以，以他们直来直去、是非分明的思路对付中国人，恐怕不是件容易的事。后者我觉得实用的策略和技能对于具体问题的解决是很重要的。在帮助当事人明确大方向后，咨询师能不能提供一些有效、实用的方法帮助当事人应对面临的困境，对于咨询的效果来说很关键。如果她具备如何帮助一个外国人快速提升英语能力的相关经验和知识，她就可以更好地帮到我了。

不知不觉我们竟然"咨询"了一小时十五分，摄像机里的磁带早用完了。她很高兴完成了作业最关键的一部分（回去她还要把所有对话记录下来，逐句分析评价，然后写个总评）。我和她收拾好机器、椅子等准备回家。我很想搭她的车回家，但话到嘴边依然中国人式的不好意思麻烦人，于是我决定用一下我的影响力咨询模式（我的博士论文题目是：《影响力模式：对中国人心理咨询和治疗模式的探索》，提出了一种来自我十多年咨询实践的我个人觉得比较有效的心理咨询工作模式——影响力模式）"影响"她一下。

在和她在一起离开教学楼的时候，我好像随意地问了她一句："你住在哪里？"

她说住在哪里哪里，说实在洋地名我听不明白也记不住，而且这也不是关键，关键是她答完了自然就会回问我住哪里。

我说："挺近的，就住这山下。"

她问："要不要送你回家？"（刚讨论过热情和冷漠的问题，由于有启动效应，她这样说是自然的。否则潜意识都会让她自己觉得不好意思，要知道我是放弃周日休息特地赶到学校来配合她完成这个作业的。）

我说："顺路吗？"

她说："没关系的，很近的。"

我说："好！"

就这样，我终于搭成了一趟顺风车。

其实，人的必需是极其有限的，而人的需要是极其无限的。

搬家

　　我是在圣诞节搬的家。说是搬家，其实更确切的表述应该是"挪窝"——我从同一栋房子的前屋挪到了后屋。

　　一个月前房东和我商量可能有个加拿大人要入住，她向对方报了比较高的房租，问我是不是可以搬到后面比较小的房间去，因为老外一般喜欢比较大的房间，另外如果那人知道他屋子房租比我高，住的面积却比我小，可能会不满意。房东是个来自香港的老太，姓杨，曾经在加拿大的大学当教师，所以我们都叫她"杨老师"。她人很好，常请房客吃饭、看演出，圣诞节还送了礼物给我。她对中国留学生很照顾，收他们相当低的房租（我不属于留学生之列，她收的费用也不算高）。为了和我协商换房事宜，她自动提出如果我入住后面的小屋，她可以少收我三分之一的房租。

　　我去后面的屋子"考察"了一下。那间屋子确实比我现在住的小一些，目测一下大概五平方米左右，而我原先住的屋子也不过六七平方米大小。如果按性价比算，搬到后面的屋子去住，似乎性价比更高。当房间小到一定程度，它也就是个睡觉、看书的地方，你又不可能在房间里

07

我住所的外观，当然我只是住其中的小小一间

跳舞或来回乱走，多那几个平方米也没什么用——我们房子中那个大大的厅我都不太去，闲着没用——所以我就很爽快地答应了房东。

真要入住，却发现了不少问题。一是房间里原有的电取暖器坏了，房东为此又给我买了一个新取暖器；二是那房间有段时间没人住，有一点霉味。细查之后发现，可能因有段时间没关窗，地毯有点潮湿，于是就天天开着窗透气，然后用取暖器烤干每一个角落。后来，楼上的加拿大邻居见我如此就问我干吗，我说房间潮湿有味道，我在烤地毯。他就教我，潮的是地毯的最后一层和地面，需要将地毯揭开烤。我其实已经将地毯揭开一层烤了，但没想到下面还有一层，因为中间那层是防潮的，所以只在上面烤，热量是传不到最下层的，底下也就不会变得干燥。原来这里面还有学问！我赶快将地毯揭开到最下层，发现果然是最下层靠墙处木质墙板上有个小洞，雨水通过洞渗进来，把墙边起固定作用的一段木条腐蚀得酥烂了，霉味就是从那里散发出来的。于是，我清除了腐败的木条，将那部分的地面和地垫层烤干，又取来专门修补墙面的丝网和涂料——那些材料特别好用，把墙面修补得就像新的一样，为什么我在国内没看到类似的产品呢——顺利地修补好了墙洞（这真是非常有成就感的一件事）。等它干了之后，为了保险，我又在那地方垫了些塑料膜防水，然后再盖上地毯。这下一切都搞定。又等了一天，发现霉味全无，所以就在圣诞节这个"吉日"搬家。

这大概是我这辈子住过的最小的屋子，当然，集体宿舍除外。我一年前在上海外国语大学进修时住的集体宿舍是我住过的最小的宿舍，比我在华东师范大学读心理学本科时住的宿舍都小。但那段时间是很开心、享受的。四个室友在紧张学习之余一起大打"炒地皮"——牌戏"八十分"的一个变种——让我好像回到了十多年前的学生时代，我实在喜欢那种放下紧张工作，融洽、欢乐的学校集体生活（访问学者不能住学生宿舍，否则我会更倾向于选择SFU的学生宿舍住）！

现在我是一个人住小屋。大屋的好处是可以有足够的空间将房间按不同功能分区、布置和装饰，或古典或现代，或东方或西式，可以有许多装饰物，也可以留白让空间说话。小屋的好处是方便，一切都在你触手可及之处，拿什么都不太需要起身走动，而且小的空间往往可以让人有一种被包裹着的温馨感，也让人能因陋就简发挥自己的创意，使之简而不陋。就像当年在大学宿舍，大家各显神通，在小小的蚊帐内搭书架做装饰，弄得别有洞天，颇有情调。有时自己也觉得奇怪，我常常真的很喜欢条件不够好的环境，好像那样可以测试自己耐受力的底线，并体验到苦中作乐的满足感。比如大一军训时，穿着满身汗渍的军装，累了大家就随处席地而坐，甚至躺下，不必管会不会弄脏衣服和身体，没什么可以在乎的，突然间你就会经由这特别的体验发现乞丐也有乞丐的自在——总是衣冠楚楚的白领自有白领的被约束感，是不是？

其实，人的必需是极其有限的，而人的需要是极其无限的。我想，如果一个人在这有限和无限之间能够往来自由，都生活得有滋有味、有声有色，那他一定是个很有韧性而且很能活出生活品质的人。

那又有什么可以令他感到畏惧呢？

我们对自己还有哪些盲点？我们的言谈举止究竟会散发出怎样的气息？

气息

等我走出屋子去洗苹果吃而闻到焦煳味时，邻屋的红枣银耳汤在厨房已经粘底多时了，而这时他正在自己的房间里玩电脑游戏。冬天为了保持室温，关门是必需的，因此在屋里电脑上玩忘了时间，造成各种烧干、烧焦事故是常有的事。我就经常把水烧干，幸亏我的锅具质量上乘，才没有产生大的损失。

我刚从大屋搬到小屋，原来住在隔壁的丁君就搬了过来，原因是他早就看不惯和他比邻的马来西亚人。据他说，那个马来西亚人脾气古怪、傲慢，爱在背后说人坏话，让他难以容忍。所以，终于搬离了他那边。

原先还有个人也想住进来，但过来考察了一下，最终还是放弃了。好像那个人很爱干净，那天他过来时闻到有油烟味，说厨房的透气不够好，所以放弃了。当时我不在，事后房东说起，我想了一下，大概是我煎三文鱼的味道。三文鱼其实可以生吃，但为了卫生、安全，我还是常常用煎的方式来烹饪。三文鱼富含油脂，煎时并不需要另外放油，所以，所谓的油烟味应该是三文鱼本身的香味，或者说腥味。

不同的花香自有蜜蜂识得

煎的人、吃的人感觉到的通常是香味，而外来者可能感受到的只是腥味。就像吃蒜的人自己是不太能感觉到自己的味道的。

现在，我们这边的屋子里有两个人居住了，所以也开始有两个人的味道了。至少由于我们饮食偏好的不同，烧菜时常常会显示出不同的味道来。

我当初准备搬到小屋住时，花了很长时间处理屋子里原有的因为潮湿而出现的霉味，直到最后补好那个洞（见《搬家》一文）。其实，我也并不确定那个洞是不是屋子里轻微霉味的来源，不过补完那个洞我就搬了进去，然后也没有再闻到霉味。

我不知道是霉味没有了，还是进入后我的气息覆盖了那味道，令我不再能闻到那本来就很不明显的味道。

那天我有事去敲邻屋的门，他一开门，屋子里一股有点古怪的气息扑出来——房间暖气足而屋外温度低，所以温差使得开门之际气息扑进扑出。于是，我就猜测，也许我的屋子也有我的气息，只是我自己不晓得。不过，邻屋以及隔壁的那些中国学生似乎很愿意来我这里串门聊天，一坐就聊很久，尽管我那小屋容不下几个人。这足以证明我屋子的气息，如果真有的话，还不那么让人讨厌。

心理学关于气味的一个很著名而且有意思的实验是，将男性腋下的气味收集后涂抹在一些男性的照片上，然后再加上一些没有涂过气味的照片，让女性一一评价对那些照片上的男性的好感程度，结果发现附有气味的照片更容易得到异性的好感。因此得出的结论是那些气味里有性激素，而性激素会影响异性的判断，令相应的评价变得更积极。

有趣的是，除非是很重的体味，我们对自己身上的气息通常没什么感觉。

进一步的问题是，我们对自己还有哪些盲点？我们的言谈举止究竟会散发出怎样的气息？而那些气息是受人欢迎的，还是让人厌烦的？

对于一般的社交，这是重要的；对于心理咨询，这更重要。

否则，在第一印象时，你的气息就让你的当事人敬而远之甚至落荒而逃，那咨询又怎么能有效果呢？

有带领心理治疗小组经验和能力的人，一定是有心理能量的，不管这种能量是外显的还是内敛的。

重返课堂

圣诞假期一眨眼就结束了，今天是开学的第一天。

我第一天就有课，连续五个小时的课。

SFU是三学期制，圣诞假期差不多就算是两个学期间的放假了。过了圣诞，元旦就又开学上课了。

这学期我选的是"心理咨询实践（进阶）"课程。本来还想选"心理咨询的策略与技术"，但任课老师临时出了些问题，这门课取消了。据说，一年前他的母亲去世后，他的情绪就一直不好，他决定先出去度假，一个学期没开课。但到了新的学期他还是没能恢复过来，所以那门课又没开。这门咨询实践的任课老师不再是原先的纳塔莉了，改为基茨教授。我上学期就想选她开的"团体心理治疗"，不过，我来温哥华迟了些，那门课小组已形成，无法接纳新加入者了，所以被拒。据一位参加这一课程的硕士生说，"团体心理治疗"是她听过的最好的课程。体验小组治疗的过程当然是件很有趣的事。

基茨看上去50岁上下。这位女教授说话轻声轻气的，常常带着微笑，可我怎么看都觉得她不怒自威，不是表面上那么容易对付的（不是说她人不好，我想表达的是我对她的第一印象，我觉得她是那种外柔内刚的人）。也不奇怪，有带领心理治疗小组经验和能力的人，一定是有心理能量的，不管这种能量是外显的还是内敛的。否则，怎么能掌控或调控小组的进程呢。

果然，课的开场采用的是小组团体形成的技巧。从两部分开始：一是让大家谈谈对两名学员无法继续参加的看法（那两位被纳塔莉关掉了，但课上只是说她们因为某些原因无法参加了。事实上，有些学生已经知道原因了，其他人后来也猜到了），这个小组因为她俩的缺席和基茨的加入已经不同了，所以处理相关的情绪对小组的形成是必要的；二是告诉大家关于现在这门课的信息，并听听大家的反馈。其中尤其强调的是这是一门新的独立的课程，可能操作会和前面的课不同（其实，如果真是独立的课，那两名学员也许就可以参加了，但其实不是，这是进阶课程，是前面课程的延续）。大家还讨论了小组的新准则。对于小组原有的准则，即使同样的内容也用不同的文字形式重现。原先的八九条准则被更精炼的四条准则代替。所有这些动作对于小组的形成都是重要的，其目的在于向大家表明以下信息：我来了，我有我的做法和规矩，这是我的小组。人大多是旧的，但大家加上我将有一个新的开始。基茨由此确立新小组带领者的位置，并形成围绕她的新团体，一种新的小组动力也定型了。

当然，这只是我个人的解读。

于是开始觉得比起上学期的"心理咨询实践（初阶）"，这次课更有意思，我很希望接下来的课程中她能继续运用那些小组技巧，这样我就可以看到和学到更多。

课上还有个环节是问大家对课程的期望。轮到我时，我说我既是个参与者，也是个观察者，我想看看这里的教学和培训是如何展开的。她半开玩笑地回应说，她还是希望我尽量多参与，否则有个观察者她会感到紧张。

　　下课时我们有比较愉快的个别交谈。我还邀请她有机会到上海给我们培训——她以前到过亚洲，但从没到过中国。这倒不是纯粹的客套，如果她的小组实战经验丰富并善于教学的话，我觉得上海还真需要这方面的培训。后来，又说到我希望能接触一些特别的疗法的工作坊，举例时谈到家庭治疗。她马上向我推荐约翰·贝曼（John Banmen）。我突然想起正巧昨天收到苏青的电邮，也推荐一个叫约翰·贝曼的人，说他在家庭治疗方面颇有名气，让我和他联系。于是，我马上打开电脑给她看，核实是不是同一个人，结果发现是一致的。大家遂又感叹了一下天下之小。我又想起电脑中有玛莉亚·葛茉莉（Maria Gomori）的照片，就问基茨知不知道她，她看了一下说知道，但没机会见面。她说，这两个人都是师从家庭治疗大师萨提亚（Virginia Satir）的，也都是加拿大乃至全球的知名专家。看来，我一定要想办法联系上约翰·贝曼并拜访一下他了（不知道玛莉亚·葛茉莉在加拿大的哪个城市，若有机会再见她也很不错）。

　　总体而言，感觉这次的课程可能会与上学期的有所不同，希望能带给我更多的新知和触动。套用现在比较时髦的表达方式，那就是：期待ing！

08

在我离开加拿大前一周我拜访了约翰·贝曼，和他在他家后院聊天看风景。他说我是到他家拜访的第一个来自中国内地的客人

直觉源自你的经验，准确的直觉源自你丰富的经验！

直觉

记得在前文《到位的同感》中提到过一个同感练习，没想到这次基茨的课上也用了这个练习。因为她在第一节课做完团队构建、形成小组准则后，发现还剩下40分钟时间，所以决定做个小练习打发剩下的"垃圾时间"（据我观察和了解，许多老外教授上课也是挺随心所欲的）。

我说过我挺喜欢这个练习。不过，这次我没参加。除了我，剩下六个学生，三人一组正好分两组练习，我就在旁边听。其中有一段是这样的：一个扮演当事人的学生说她圣诞节假期有事，忙忙碌碌的，结果都没有回家见见爸妈，感到挺内疚的。这时轮到扮演咨询师的给出同感。

——如果是你，你会做出怎样的同感回应呢？

不要急着看下面的文字。先想象一下当时的情境，在当事人表达了上面的意思时，你会怎么说呢？想好后再继续往下看。

试一试吧。

当时那个学生的同感是这样的："看来你是个很有责任感的人，你觉得你对家庭有责任，所以无法回家让你内疚。"这是一个可以被认可的同感，但是，这是不是最好的一个同感呢？

同感有普通的同感，主要是用简洁的语言总结当事人刚才所说的，甚至只是"嗯嗯啊啊"，主要表达的是"我在认真倾听，我接纳你所说的"；而所谓高层次同感主要反馈的是当事人没说出的那部分情感和想法，表达的是"我不仅在听而且听懂了，我理解你"（不是直接用语言说"我理解你"，你理解当事人不是靠自己直接说"理解"，而是通过你的反馈让当事人觉得你是理解他的）！当你说出的是当事人事实上存在但他自己也没意识到或没清晰意识到的东西的时候，同感的效果尤其显著，当事人会觉得你比他本人都懂他的心。

这就是知己的感觉！

在课堂讨论时，我发言说，其实就这个小片断而言，如果你的当事人只是说"唉，今年圣诞节我都没能回家"，你的同感可以是"你感到挺内疚的"或其他；但现在当事人自己把内疚说出来了，你就最好能说些其他的，那这时你又能同感些什么呢？

同感责任感是一个选择，你也可以同感"看来你和你的家人感情挺好的"或"看来你很担心你家人责备你"，是不是也不错？你可能要问：那么，究竟标准答案是什么？怎样的同感是最好的？

我认为没有标准答案。上面两种同感都可以，也还有其他的答案。但对于当事人而言，必定有一种同感反馈是他最喜欢的、认为最好的。所以，对于咨询师的挑战在于：我如何在这些都可以的答案中选出让当事人最满意的同感来？

对当事人的判断是建立在对他整个咨询过程以及当下诉说时的方式（语音语调、神态举止等）的觉知和把握上的。以我的经验，那种准确的把握和回应几乎是一种直觉式的：当当事人诉说时，我感觉到了，我自然就反馈了，然后准确命中。我并不是坐在那里停下来想有哪几种可能的答案，然后猜当事人最喜欢哪一种，然后再反馈。真这样的话，谈话是不可能顺畅的。

　　我刚接触心理咨询时条件远没有现在好。几乎没什么人做咨询，更谈不上有什么好的老师指点你，只有自己大量实践。所以，我现在并不完全坚持咨询师的资质要多好才能做咨询（当然现在条件好了，为了当

咨询师和当事人有没有各说各的

事人的利益，咨询师应该自觉地更好地装备自己），因为自己也是那样实战出来的，自己开始做咨询时也不过是个心理学系本科大三的学生而已。但是，有一点和现在不同，因为我当时是做义工，一则做咨询的动机完全与金钱、职业无关，只是由于兴趣；二则知道自己只是个学生，始终战战兢兢，对每个个案都很认真地做记录，进行反思，想方设法找书看，没钱复印书就整章地抄书，做读书笔记，然后再在咨询中应用（这个过程一直让我想到自己初中时学桥牌的经历。一切都开端于我偶然从旧书店里买了一本桥牌竞技规则，才知道什么是桥牌，然后就和以前下四国大战的棋友们一起琢磨乱打，后来就去找有关叫牌、打牌技巧的书来看，再在无数的实战中逐步提高，直到高中时拿到上海市青少年双人赛冠军，大学时也拿了个校冠军。可惜的是，后来工作越来越忙，加上大学毕业各奔前程，没了搭档，现在已经有很长时间没打桥牌了，武功尽废。听说我初中时那些一起玩的同学中有人后来成为职业选手，甚至都成为国家级大师了）。而现在我看到有些学习者由于学咨询时花了不少钱，所以拿到证书后急于把钱挣回来，刚出道就开出挺高的咨询费，个案接得多，学习和反思做得少。隔段时间再见他，水平没什么长进，自我感觉却越来越好。依我的看法，这种不谦虚的状态反而是对当事人更有害、更危险的！

前两天有个朋友收到一个他不太熟的人的求助短信（可能知道他学过咨询吧），发短信的人说想死，他拨电话过去却一直打不通，于是他很紧张，一下子不知如何应付，就在网上问我。我听了之后让他不要太紧张，因为他先后收到对方两条短信，前一条说陷入了困境，想死，后一条说已经辞了职。我的感觉是：其一，一个一再主动发短信的人是有求生意愿的，除非你不回应他才会真的马上去自杀；其二，一个决意马上死的人是不会考虑辞职的——就要死了还辞什么职呢——所以辞职意味着即使求死也不见得立刻实施；此外，辞职意味着有下一步的计划，而不希望职业妨碍自己。一般而言，最可能的计划是休息或到外地旅行散心，或者找相关的人对相关的问题进行某种了结。所以，打不通电话可能表明他想一个人冷静一下，或者在飞机上等手机不方便使用或山区等手机没信号的地方，或者是他性格使然——有些人就希望（或潜意识里希望）别人在他身上多花点时间，来证明自己是有价值的、有人关心的。果然，一天之后，反馈来的新消息正如我猜测的，他准备到外地去（没说去干什么），至少暂时不会自杀，但想找个咨询师咨询一下。我那朋友于是把心放了下来，而我却没这么乐观，因为到外地估计是去了结一些事，如果事情进展不顺利，又无法找到咨询师或者找到后不让他满意，加上没有了工作（他放弃的是一个很好的工作），以后的折腾恐怕还在所难免。

危机干预有许多技巧，但在危急状况下你是不是还能保持冷静，想起那些技巧？许多危机的处理对策书里也不会具体写到（书里往往原则多，实例少），真正靠的还是你的基本功——你的直觉。

所谓直觉，就是咨询师能够经验丰富到在多种可能性中一下子抓到那关键的可能性，而缺乏经验的咨询师一则根本不知道还有多种可能性，二则即使看到了多种可能性，也不知道哪种可能性最大。同感和危机干预一样，其实同感有许多回应的方式，危机者的行为也有多种解释，分析这些可能性可以靠专业知识，但在电光火石之间马上做出恰当反应就只有靠直觉了。

直觉源自你的经验，准确的直觉源自你丰富的经验！

多多做个案吧，如果你真想成为一个好的咨询师的话。

当事人往往会说一些让我们感到反常的事，而咨询师首先要做的是发现这些所谓的反常的事是如何一步一步形成的，让反常慢慢变得可以理解，有内在逻辑。

从反常到正常

这些天挺冷的。天气预报说，室外的气温维持在零下7度左右。所以，两周前下的一场大雪，到现在还没有融尽。

然后，我再一次听他们告诉我，这样的天气比较反常，以往不是这样的。

记得我在前面的一篇讨论真相问题的文章中提过这事。反常的天气让我遇到了，而他们的告知让我知道了什么是正常。但是，为什么会有这样的反常天气呢？人类活动、温室效应、厄尔尼诺、拉尼娜……我对气象的兴趣不大，所以就不追究下去了。我只是要记得以后向其他人介绍温哥华的天气时，不要拿我经历的这一年说事。

新学期第二次上课时，按惯例先是每个人介绍一周的要事。我提到我帮助处理了一个自杀的个案，没想到后面上课时提交的第一个个案也和自杀有关。

由于涉及保密原则，我就不讲细节了（其实我上一篇讲到的自杀个案也是经过技术处理的，只保留了一些相关的要素）。核心是一个10岁的男孩目睹了他堂兄的自杀过程（被车撞死），咨询师要去做主动性的危机评估及干预。咨询过程的录像带显示咨询师很有效地与孩子建立了看上去很轻松、融洽的咨询关系，孩子边玩玩具边和咨询师交谈，扯东扯西的，然后在45分钟咨询快结束时，咨询师问孩子知不知道"suicide"（自杀）——"suicide"对于10岁的孩子来说是个比较抽象的单词，不像"death"（死亡）之类比较普通、常用——孩子说知道。咨询师又问"suicide"意味着什么，孩子说"就是杀死自己啦"，一脸的满不在乎，好像注意力还是在手上的玩具上。

接下来的讨论时间中，许多人都谈到了这一点，觉得孩子的态度比较有问题。后来了解到他不佳的亲子关系，就判断说他这种对死的漠然是与他的家庭环境有关的。然后，又讨论该如何在下一次咨询时帮助他。

轮到我发言时，我说这令我想到咨询的逻辑。当事人往往会说一些让我们感到反常的事，而咨询师首先要做的是发现这些所谓的反常的事是如何一步一步形成的，让反常慢慢变得可以理解，有内在逻辑。

变得看上去正常起来，也就是说，你可以理解这件事或这个人了。如果你不能理解你面前的当事人，又怎么能有效地帮助他呢？

这是一个合理化的过程。

如果合理了，就可以循着这合理化的链，去推敲其中的每个环节及其背后涉及的要素和背景，以及是不是可以在这些方面作点文章来帮助当事人。当然，前提是前面的合理化过程真的是比较客观或者至少符合当事人的实际情况，否则仅仅是咨询师个人投射性质的"合理化"是很容易误导咨询师，使其南辕北辙的。

如果我下一次咨询见那个男孩，我可能会用沙盘或其他小道具（比如TAT的测试图卡）让那个孩子编故事，或和我一起来完成一个故事，故事的主题或结构可能与那个自杀的事件有本质上的类似（直接用那个真实事件意图太明显了，孩子很可能会有阻抗）。由此来做个投射测验，了解那个男孩对自杀事件、生死等问题的真实看法。只有我们明了真相，理解了当事人，才谈得上用什么对策来作进一步的处理。

总之，如果你觉得某个个案——当事人或事件——还让你觉得有奇怪、不明白的地方，你一定不要急着给出自己的结论性的判断和看法，而要继续自己的理解之旅，直到真正从反常见到正常。

两周前的那场雪，见到了吗？好大朵的雪花

任何工作，如果热爱，你不但会做得好，而且
会做得很有乐趣。

热爱

任何工作，如果热爱，你不但会做得好，而且会做得很有乐趣。

心理咨询实践的高阶课程，其主要形式是学生提供自己的咨询录像，播放后大家进行讨论。由于有两个学生没通过初阶的课程，所以，以每名学生提交两个课堂讨论个案录像计，还有不少时间段是空着的。所以，除了老师讲些内容外，邀请外来讲员作些讲座也是常用的"补缺"方式。

今天的课就请了新惠斯敏斯特（New Westminster）市第40校区的琼恩·迈赫尔（Joann Majcher）博士来讲游戏治疗，她也是UBC咨询中心的主任。我到教室时她已经到了，看得出她是个很热爱自己工作而且很敬业的人，为了这短短两小时不到的讲座，她携带了一个大皮箱和一个大纸盒，里面装满了游戏治疗用的道具和提供给学生参考的相关书籍，拿出来摆满了几张桌子。整个讲座没有艰深的理论，只有一些简洁的原则，更多的则是实用技巧和经验，迈赫尔信手拈来，使人很受启发。这就是做实战的和做教授的之间的区别。我觉得她讲的比纳塔莉和基茨讲的受用，以后有机会要再拜访她一下。

09

小丑装的琼恩·迈赫尔博士让我见到了她对工作的热爱

　　印象最深的一幕是她讲到如何和孩子接近，引发他们的注意力，令他们有兴趣和她沟通或参与活动。她突然拿出一个红发头套、一顶夸张的大帽子和一个大领结，一一戴上，就如同马戏团里的小丑——这是她给我们演示她如何打动那些淡漠的孩子。我一下子挺感动的：如果你不热爱你的工作，又怎么会如此自毁形象呢？！

　　她拿出许多奇奇怪怪的道具，并说她常常去逛各种书店、玩具店，看看有没有一些东西可以用于游戏治疗。我想到我也常常逛书店和玩具店，尤其那时很迷恋体验教育和团体训练，一看到别致的或精美的卡片、玩具什么的就在那里琢磨有没有用于团体咨询或训练的可能。我个人的或我们心理咨询中心的小道具大多是自己慢慢添置的。常常有外来的参观者很喜欢，问那些东西哪里有卖，说实在的我也不记得了，都是做个有心人到处搜罗、慢慢攒下的。这次在温哥华也发现一些有趣的东东——比如模样搞笑的橡皮火鸡（可在团体游戏中作抛掷用，又有趣又安全）——可惜都挺贵的。有些表达情绪的卡片、积木等工具也很漂亮，但都是外文的。每每看到产品后面标注的"Made in China"（中国制造）字样，都让人很叹息：为什么我们不能在国内看到这些东西？

　　上课时还放了一段如何用非指导原则进行儿童的游戏治疗（以儿童为中心的游戏治疗）的录像，拍得极好。边播实际咨询录像边放话外音解说，咨询的思路、技巧和实际效果一目了然。其实，加拿大最好的地方是有丰富的影像资料可供学习，不知国内何时能有出版社提供这类高质量的产品？中国轻工业出版社走出了大规模出版心理学读物的第一步，可能不久的未来就会有相关的产品出现。看到了不断壮大的心理咨询师队伍，出版商或制造者应该对市场有点信心吧。

多元价值已经让我们的生活丧失了以前那样的统一的价值观和行为准则，未来人们心中的困扰一定会更深、更多，作为心理咨询工作者，我们做好准备了吗？

跨文化咨询

回头看自己写的"叶落有声"，发现好多篇都提到了文化。在国内培训心理咨询师的时候，我课上也会讲到文化因素，但当时的感受和现在的感受是不同的。在异域你遭遇的文化现象是与国内不同的，受到的文化冲击更大、更直接，也更真切。我在加拿大某次上课时就听过一位芬兰的访问学者讲跨文化咨询。其实，这个议题国外关注和研究已经很久了。看看杰拉尔德·科里（Gerald Corey）写的《心理咨询与心理治疗的理论与实践》就知道了，他花了大量篇幅来讨论不同的咨询流派在跨文化情境中的运用。若你身在欧美，就会体会移民带来的多元文化是如何对社会政治、日常生活产生影响的。不是他们的本土心理学研究完了来进一步研究其他国家、民族的心理现象，而是在他们本土，就要用多元文化的视角来处理他们面对的问题。

前文中，我也曾对班上的那些加拿大学生无法很好地处理亚洲人——比如一位来自中国香港的移民女孩——的心理困扰很不以为然。但这段时间我自己遇到了一些提问者，他们让我觉得自己也同样存在跨文化咨询上的困难。

渡过文化的河————加拿大土著与他们的图腾

其中一位是我曾经的邻居。那个来自东北的男生前些年就跑到加拿大读书了。他在加拿大的其他城市读完本科后暂时没找到适宜的工作，现在在温哥华打零工维持生计，并寻找未来的路。他一边继续找工作，一边思考要不要继续读书，比如到SFU读个MBA什么的。他听说我是做心理咨询的，一天晚上就跑来聊天，聊着聊着就问我会不会算命，因为有一次我和他们聊到过《易经》。我说不会，然后反问他为什么要算命。他说："我想算算，我和我女朋友的未来如何。"

他所说的女朋友是他在加拿大的大学同学，白人，出生于一个虔诚的基督教家庭。他说她很内向、害羞，二十四五岁了还没有男朋友。他认为她对他有好感，但当他正式追求她时，她反而不像以前那样自然和亲近了。两个人靠着并不频繁的电邮保持着不咸不淡的关系。他和她是参加教堂团契活动时认识的，他后来决意信了基督教，但还没有受洗。他说女孩的母亲本来不是很乐意他们交往，但后来他去她们家次数多了，也就慢慢接受他了。他和她家人的关系都挺不错的。他最介意的是，为什么那个女孩这个年龄还没谈过恋爱（他问过她的表哥，证实她以前没交过男友），是不是有心理问题甚至生理问题。"比她小几岁的弟弟都交女友了呀！"他很困惑，"如果我全心去追，最后发现她有问题怎么办？"

严格而言，这只是聊天，不是咨询。如果在国内，我差不多会快速给点指导性意见就结束了。但在这里，我确实不知道该如何回答他。于是只得拿出咨询的技巧来帮他分析，甚至讨论为什么要找个白人做女朋友这样的问题。当然，对于讨论的最终结果他还是挺满意的，他更明确了自己的需求，对进一步怎么做有了比较清晰的想法。但事后我却想：我不是很了解一个白人少女的想法，一个有虔诚的基督教背景的白人家庭会如何看待孩子的异性交往和婚恋问题？这些看法又将如何影响到他们孩子的成长？他们对女儿与一个尚未受洗的中国年轻人恋爱会怎么看？女孩本人又会怎么看？我知道在加拿大有许多跨种族甚至跨信仰的婚姻存在，也看到一些这样的婚姻维持得很好，但同时也读到另一些资料建议婚恋最好不要有太大的文化差异。由于缺乏相关经验和知识，面对这类问题，我觉得比国内的咨询要难处理得多。

更深的反省是，我以前在咨询中是不是也有许多需要检讨的地方？上海同样是个移民城市，来自中国不同省、市、地区并有着不同经济、文化背景的人在一起一定也有文化的碰撞，尽管这种冲突可能不如跨国界的文化冲突那么明显。所以，我在咨询时有没有主观的、一刀切的倾向？是不是对文化的差异性保持了足够的敏感呢？

前些天，一位来自北方的移民向我咨询，她是位母亲，来温哥华后成为基督徒，她曾经受过重大的心理创伤，宗教信仰有时给她很大的慰藉，令她虔信；有时又似乎无法解决她的烦恼，令她的信仰不坚定。她困扰于自己的摇摆，问我心理学怎么看这个问题。

我觉得这也是文化冲突的议题，出现在移民身上是很典型的。

同时，我也预感到这不仅仅是发生在海外移民身上的问题，恐怕在不久的未来，同样的情况也会出现在国内。随着这些年的改革开放，西方文化已经有效地影响了我们——无论是物质层面还是精神层面——而在未来这种影响将更深入。儒释道文化、无神论文化、基督教文化以及其他的种种文化、种种主义、种种思潮的碰撞一定会令跨文化这一议题在我们的咨询中频频出现。

多元价值已经让我们的生活丧失了以前那样的统一的价值观和行为准则，未来人们心中的困扰一定会更深、更多，作为心理咨询工作者，我们做好准备了吗？

想象中以为容易的事情，其实未必如此。

行行皆学问

邻屋一早就来问我："你今天有空吗？"

"有空。有什么事？"

"能不能帮我理个发？"

"好啊。"我爽快地答应了，尽管我以前从来没给人理过发。

我敢于爽快答应的一个重要原因是他两个月前给我理过一次发，从中我发现他对发型的要求不高，所以我的压力不大。

海外留学生自己理发是很普遍的。到专门的理发店理发，理发的费用加上小费实在不便宜（这里只要涉及人工，价格一定不会太低——人的价值必须得到充分体现）。而且理的效果未必很好——我见过一些在理发店打理出来的发型，确实也不敢恭维。

邻屋很厉害。有一次我见他新理了个寸头，就问他在哪里理的，他说是自己给自己理的。就凭一把电推子，他竟然能给自己理发，前前后后理得干干净净的，佩服！所以，那次我决定把自己的首次冒险交给他。但以我一贯的谨慎、稳健风格，为保险起见，我只要他在鬓角处稍微理掉一点，还用手比划了希望留下多少头发。我心里的打算是，如果

2006年圣诞音乐会上摄，于理发两周后

效果好可以让他再多理掉些，效果不好就停止，然后尝试理发店。当然，坐在椅子上，围上围布，就只有交给他处理了。只听见电推子嗞嗞地响，出于礼貌和尊重也不便多问，遂闭上眼等待最终结果。等推子停止操作，对镜一照，却发现几近光头。

　　说光头当然夸张了，但实话实说，这恐怕是我除婴儿期之外理过的最短的头发!

我情不自禁地说:"好短!"

他很自然地回答:"短点好,这样三个月不用理发了。"

也真的是有道理。但此后有一两周,我外出时只好戴帽。幸亏恰逢学期结束,见人的机会不多。头发也挺争气,长得不慢,所以尴尬的时间不算长。

今天他说要让我理发,我心里想,一定要理得好一点,给他个榜样,以后若再让他给我理发,可以让他也手下留情点。

他头发比较硬朗,所以我下手前设想应该如除草机除草,刷刷而过,不会太困难。等一下手,却发现不如我想的那么容易。关键是如何准确地保持操作的轻重,否则会把头发理得坑坑洼洼、高高低低的。比如颈后,如果你在右边下手过猛推高了,就必须在左边也推上去点以保持对称之美。但如果性急在左边又不留神推高了,那就只能又去右边作文章。这样反复几次,估计没多久后面就全光光没头发了。

不过,我还是能控制住自己的,慢慢下手,希望头发理得整齐,鬓角处能理出渐变的效果,但是他一直鼓励我:"多理掉些!直接推光,不用留鬓角!理多点就可以多点时间不用再理发了!"

听他这么说,我以前仅存的少许埋怨也没了。他把我头发理短不是因为他不耐烦帮我,而是他本来就认为短即是好。他是在帮我,只是以他自认为正确的方式而已。

(顺便提一句:我们在做咨询时,是不是也有这样的问题呢?)

在温哥华新环境中生活,有许多新尝试、新体验,比如理发,比如滑雪。想象中以为容易的事情,其实未必如此。我又想到初来时的断电经历。

有一次在厨房做饭,可能因为同时使用多种电器负荷太大,突然停电了,还有一股焦味飘出。以我的电工常识,我检查了房间的其他地方，发现只有厨房没电，又在一隐蔽处找到了电源保险开关，发现其中的一个跳掉了。按常理把它拨回去应该就可以了，但试了试，却发现保险开关拨到"开"位又弹回中间位置，电依然无法接通。后来，邻屋、楼上的中外朋友也纷纷出手尝试，均无法成功。都奇怪为什么会如此，猜测结果只有一个：厨房电路的电线怕是熔断了。无计可施之下，只好打电话给房东，请求修理。几番催促，电工终于出现。我还在向他絮絮叨叨说明情况，他直奔保险开关，拨了一下那个开关，电源接通，好了！前后只用了五秒钟！

晚上房东打电话来问修好了没有，我说修好了，又说："真是奇怪。我们这么多人拨那开关都拨不好，他一来就拨好了。可能这几天没用厨房的电，它自动恢复了。"也不知道房东是否听明白了我的意思，就听电话那端房东说："专业的就是专业，他们懂怎么修。"

可我心里老大不以为然，并不认为是那个电工修好的，而应该是电源自己恢复的。两周后厨房又一次断电，我发现那个保险开关又跳掉了。我想起电工的所为，于是用力将开关拨向一边，电又通了！

原来那个开关不太好用，如果拨的力量小，它就会弹回。只要大力拨过去，它就好了。

这是小事。可后来我想：为什么这次我会自己搞定？因为我大力拨了。为什么这次我会用大力？因为我见到电工这么做了。为什么电工会这么做？因为他有专业知识。专业知识让他有信心这么做，而我们是门外汉，怕电击、怕用力过度损坏仪器，所以最初时不敢坚定地大力一试。结果他能做成，我们许多人试了正确的路径却还是做不成。

所以，即使那小小一拨，也是有学问的！就像烧菜，好像也不难，但大厨和你为什么有差别？恐怕就在于对"盐少许"的把握上吧。

真是行行皆学问，小看不得！

看很多书，想很多事，反而有越来越多的困惑
和迷茫生出来。思想开始变得深刻，但生活也
开始变得复杂起来。

Simply Life

"Simply Life"（简单生活）是一个品牌，有一些连锁专卖店。东平路上海音乐学院附近就有一家，小小的店面，其中有些东西不错，但价格绝不简单。

在加拿大生活节奏变慢，上网是打发时间的主要方式之一。闲来无事就去看朋友们的博客，那天跑去看同事亚子的博客，不禁哑然失笑。

亚子是好读书、好思考的人，博客上的文章主要是和咨询有关的感悟以及读书的随笔。我注意到几乎每篇博文后都有她"徒弟"波波的评论，亚子的博文和波波的留言相映成趣。

波波是大四的学生，不知为何做了亚子的"徒弟"。波波有初出茅庐的男生的那种直截了当，看问题和下结论简单、干净、生猛。有一篇我印象挺深的，好像博文的名字叫"我为什么不自杀"。大致内容是亚子在咨询时被一大学生当事人提问"你为什么没想过自杀"，由此引发亚子对生命意义和价值的一番思辨。而波波在下面的留言是："如果让我来回答的话，我要说，我的召命还没完成呢！"

果敢！

　　于是想到禅悟的三境界：看山是山，看山不是山，看山还是山。我猜亚子可能在第二阶段。看很多书，想很多事，反而有越来越多的困惑和迷茫生出来。思想开始变得深刻，但生活也开始变得复杂起来。我猜波波可能在第一阶段：简单、直接、干脆，充满热情和动力。很羡慕他有这样的状态，只是不知20岁才出头拥有的召命（梦想）再过20年又会怎样？

　　召命是基督教的说法：蒙神的召唤而获得的使命；梦想是俗世的说法，有梦想让人有热望。有许多中国人既没有召命，也没有梦想。从来都没有过，甚至在本该充满热情的青少年时代也是如此。我们有的只是来自父母的"召命"，担负的只有来自父母的梦想。父母代言的是沉重、逼迫、冷冰冰的现实社会，那种现实压力往往不会让人有使命感，也不会让人充满激情和动力，只觉得束缚和重荷。中国传统文化并不鼓励我们剪断和父母之间精神的脐带，重继承和沿袭多过独立和创造。孩子永远是孩子。所以，有时简单的生活变得复杂。因为你不是在过自己的日子，你是在过整个家族的日子，甚至还要让周围的邻居们满意！

　　我知道波波其实也有烦恼：快毕业了，是听从父母之命回家乡，在父母翅膀的庇荫下过安定的生活，还是在上海这个充满机会和压力的城市挣扎求生？自己追求怎样的信仰？这些困扰也许标志着他开始真正遭遇生活，这时，他的"simply life"和召命还能维持多久呢？

　　相信许多爱思考的人都挣扎在禅悟的第二境界，我也是。希望有一天能上升到第三境界，想必那时的召命很明确，"and then life is simple"（因而生活也简单了）。

　　在加拿大打发时间的另一个常用方式是看电视剧。在国内我喜欢买碟，家里有数百张碟，可惜没时间看。到了这里却看了许多电影和电视剧。我没时间上网下载，但这里的伙伴会下载了拷贝给我。于是看了《越狱》（Prison Break）和《迷失》（Lost）。

　　《越狱》是少有的情节跌宕、悬念抓人的连续剧，怪不得在美国乃至全球"粉丝"众多。我先看的是《越狱》，所以接着看《迷失》就觉得节奏拖沓，有点看不下去了。但坚持看了十来集之后，慢慢觉得《迷失》有《迷失》的味道。一群飞机失事的幸存者，每个人都有自己的隐秘故事，在孤岛生存的压力下，人性中的善和恶被激发出来，赤裸裸的，同样真实。编剧不过在借这个故事线索展示我们的生活，尽管那些人的故事过于典型、极端，可又有谁能说其中完全没有自己生活的影子呢？每个人的性格被以往的经历塑造，个体的性格同时也决定了现在的命运，而现在的命运又进一步塑造着个体，进而影响未来。作为心理学工作者，这也算是一部关于人心、人性的教材片了。影片中还渗透着许多哲学、宗教乃至神秘主义层面的思考——据说这也是该片最终没能被引进国内的原因——此外，剧中的某些对白很精彩，值得一看。

　　这两部电视剧在全球也算是大名鼎鼎了，不过我前两天却看了一部无名演员演的无名剧——至少对于孤陋寡闻的我是这样的——《士兵突击》（中国三环音像社出品）。我的邻屋拷贝给我时我还懒得一看，但后来开始看后就没停下来，28集一扫而光（等我回国后这部电视剧才开始热播到红得发紫，有时事情就是这样不可思议）。

　　影片主要讲一个窝囊的农村小子参军当兵，如何最终进入顶尖的突击部队的故事。作为心理咨询工作者，此片的看点是性格的改变塑造、个体的成长和对生命意义的思考。尤其是最后几集很有咨询的意味：主人公许三多通过一系列艰苦的选拔终于成为突击队员，在第一次参加真正的任务时，他尽管因为怕杀人没发一弹，但还是有一名漂亮的女毒犯死在他面前，而另一位男毒犯死死盯住他的眼睛，恶狠狠地对他说："是你杀了她！"他一下子崩溃了（创伤后应激障碍，PTSD），浑浑噩噩，再也无法参加训练。战友和教官为此想尽了办法帮助他摆脱心病。其中有一段很经典：教官找他谈心，讲了一个很好的具有激励作用的自己的故事（自我披露），许三多稍稍振作了一下，最后却对教官说："我想复员。"教官的回答很精彩："我想到了所有可能的坏结果，但还是没想到你给的结果有这么坏。我想你可能会选择回到七零二团或其他部队，但没想到你要复员。是啊，你既然开始怀疑当兵的意义，到其他部队和留在这里又有什么区别呢？"教官抓到了问题的实质——这是咨询师必须具备的基本的洞察力——但接下来该如何继续呢？你自己看电视剧吧。反正，我看时忍不住在那里想：如果许三多是我的当事人，我该怎么做才能帮他呢？

许三多从选择参军，经历种种困难，到最后成为突击队员，他一直在寻找自己的生命意义。他想过一种简单的生活，但生活不让他简单过关。不过，到了最后，真正让他一路走过来的还是他那种坚持原则的简单方式，看得出编剧把自己对人生的思考都放在了里面。

所以，给大家推荐这部电视剧。对于女性，电视剧的部队背景可能不讨她们喜欢，但我觉得那只是一个外壳，生命成长和意义追寻才是这部电视剧的真正内核。强烈建议对"simply life"有期待和思考的人一看，我保证，比我的"叶落有声"好看！

生活，多即是少，少即是多

我觉得人活着，动力的境界有从低到高四个阶
段，我把它们叫作：生存、质量、梦想和意
义。

境界

　　张老师终于有时间和我好好聊聊了。

　　张老师是华东师范大学心理咨询中心的副主任。我远在加拿大的时候，咨询中心的工作就由他来主持。其实，在此之前，我去上海外国语大学进修、忙博士论文答辩，也都是由他分担了我的责任，而且咨询中心在他的带领下成绩斐然。

　　但这个世界永远是鞭打快牛的。成绩之下，会有更多的资源和机会聚拢来。别人羡慕这些资源和机会，其实我们自己知道，它们同时意味着更多的责任和重担。天下是不会有免费的午餐的。

　　于是，张老师早就想和我聊聊，却常常忙得连聊的时间也没有。

　　好在学校放寒假了，而我们也终于有时间在网上长谈了两次。

　　2006年的一项重要工作是继续与香港青年发展基金和香港突破机构合作。三年前，香港青年发展基金和华东师范大学合作，搞了一个上海青少年心理健康教育工作者的"TTT"（Train The Trainer）培训项目，为期三年，由香港突破机构和华东师范大学心理咨询中心负责具体实施，目标是为上海培训一批有专业素养、有工作热忱、能以生命影响生命的青少年心理健康教育工作者。不知不觉三年已经过去。通过这个合作计划，我们也汇聚了一批青少年心理健康教育工作者。三年后的今天，我们想在这个基础上走得更远，于是商议再度合作，在华东师范大学心理咨询中心的基础上再搞一个研究和培训中心，借助海外的资金和专业支持，透过青少年心理健康的研究，提升相关工作的科学性；同时，通过进一步培训，提高"TTT"团队的专业理论素养和实战能力，并为更多的青少年工作者提供培训、提高的机会。前三年的"TTT"项目耗资数百万，而新项目也有等量的经费预算。

2007年刚开始，这个新项目得以落实，华东师范大学青少年心理健康教育研究和培训中心成立。好事成，压力也更大。而目前，这压力实实在在地落到了张老师和中心的同事们的肩上，我只能在精神上更多地为他们分担一些。

事实上，在上海时，日子过得飞快。自己一直被任务推着走，根本没太多时间停下来作细致的观察和思考。这段在温哥华相对清闲的日子给了我充分的时间来思考一些问题：我们心理咨询中心未来的发展方向和策略是什么？如何凝聚团队？存在什么问题和障碍？如何消除这些问题和障碍？诸如此类。

于是，一些新看法出现，一些思路也开始清晰起来。

我注意到上海是个充满压力的地方。压力源自做事要求高，发展机会多，竞争激烈，好比逆水行舟，不进则退，所以一刻也放松不得。不管你愿不愿意，都需要你接担前行。

但负担越来越重的时候，有一个问题就会出现：我为什么要背负这重重的担？！

这里面有个动力的问题。

这是我们必须要面对的问题。

我想了想这个问题，也有了一些个人的想法，写在这里供大家思考和讨论。我觉得人活着，动力的境界有从低到高四个阶段，我把它们叫作：生存、质量、梦想和意义。

生存是最低的动力境界，为能活下去而生活。比如工作只是一个谋生手段，不管喜欢不喜欢、适合不适合，有口饭吃就不错了。在经济社会，没基本收入生存不下去，谈其他的也就比较难了。就如同那句2006年中国网络论坛里的刚猛语录：婚姻是爱情的坟墓——如果没有房子，你连坟墓也进不去。够黑色幽默的！但事实往往就是如此。大学开展的就业指导也讲生涯规划、职业心理学什么的，但在学校的就业率考核指标和大学生实际生存压力之下，"先好歹找个工作做"恐怕是更被大力鼓吹的务实做法。

生存问题解决了，接下来就是质量。不仅要能活下去，而且要活得有质量，即追求所谓生活的品质、格调、水准之类。你需要找个好工作来做，或感兴趣、适宜自己，或收入高，可以维持舒适乃至奢侈的生活，或压力小，能有更多闲暇时间供自己享受。不同人有不同的标准和解释，总之，让自己的生活在有了基本保障之后，向更高的水准进发。

更高的境界是梦想。到企业给白领上压力管理课，你很容易发现"趁年轻赚足够的钱，争取40岁前退休"是许多人的职业目标。但从中也看得出，对那些人而言，职业和梦想无关。什么是梦想？梦想就是热望，好像内心有火，热血沸腾，渴望燃烧自己去圆自己的一个梦。严峻的现实使得许多人不再有梦想。但是，到了质量的阶段之后，如果有机会被点燃，梦想还是会发光，进而成为动力的。

最高层面的动力境界是意义，生命的意义。你活着的意义和价值在哪里？某种生活方式的存在必要性又在哪里？你是不是觉得正在做的事是自己必须做并乐意做的？有没有一种使命感甚至是崇高的感觉？意义是最强的动力，持久而能让人承担更多。

香港突破机构的那些青少年工作者是基督徒，他们有自己的信仰，

海阔天空

　　而信仰带来意义。他们全力以赴、不计报酬做青少年工作是因为自己的信仰、自己的使命感，他们相信自己所做的事有价值、有意义。

　　我问张老师：我们呢？

　　反省一下自己：我做了近17年的青少年工作，是因为自己有兴趣，兴趣之外可能还有一些自己的梦想，想把事情做到某种状态。总之，我现在的境界大抵是在质量和梦想之间吧。

　　其他人呢？

　　如果一个人的境界在比较低端的水平，他们怎么能有额外的动力担那些重负呢？他们的动力够支撑自己的存在已经不错了，如何能有生命能量来影响其他的生命呢？

　　当然，另一方面，我并不认为境界的提升可以一下子完成，这往往需要通过人生不同阶段的阅历和体悟来慢慢打磨、催化和提升。对于有些人——比如信仰坚定的人——可能从一开始就有一个很高的境界，但更多的人恐怕得从最下面一点一点走上来。

　　套用一句在硕博士论文的后记中被引用最多的话：路漫漫其修远兮，吾将上下而求索。

无论如何，我们要记得向我们的当事人致敬，
为他们生命深处的顽强、坚韧和智慧！

魔王也疯狂

有一则笑话是这样的：

魔王：你尽管叫破喉咙吧，没有人会来救你的！

公主：破喉咙！破喉咙！

没有人：公主，我来救你了！

魔王：说曹操曹操就到了！

曹操：魔王，你叫我干吗？

魔王：哇塞，看到鬼了！

鬼：唉！被发现了！

唉：胡说，谁被发现了！

谁：关我屁事！

魔王：oh, my god（哦，我的上帝）！

上帝：谁叫我？

谁：没有人叫你啊！

没有人：我哪有！

据说魔王从此得了精神分裂症……

混乱吧？好笑吗？

挺混乱的吧。挺好笑的吧。

前些天上课时报告案例，第一个报告的学员首先就拿出了一叠家族图，一人一张发给大家。家族图画得非常漂亮，彩色的，除了常规的家族图标记线，还用不同的颜色和虚实的标记线加强标志了人与人之间的关系和状况。"我实在难以用口头报告来说明这些人的情况和关系，所以画了这图给大家，希望能帮助大家理解。"那学员解释道。

我在这里就不把图直接画给大家了。我尝试用文字来描述一下，你有兴趣的话也许可以根据我的描述画出这个个案的家族图，就算是一个家族图技巧的小测试吧。好在，我保证，我的描述一定比当事人要流畅、简洁、准确——先降低一下难度：

A，男，42岁，工人，有吸毒和贩毒史；B，女，35岁，招待，也有吸毒和贩毒史；A和B曾经结婚，生下了一个女儿C，C现在7岁，但他们后来离婚了。由于他们的吸毒、贩毒经历，C被相关的社会服务机构监护抚养，后来C也不愿回到父母那里，现在一直留在社会服务机构生活。D，男，28岁，农民，被洪都拉斯驱逐出境到加拿大，有吸毒和贩毒史。D和A结识了很长时间，算是朋友关系。A和B离婚后，D和B又结婚了，生有三个孩子：现年15岁的女儿E、10岁的女儿F和4岁的儿子G。A和D依然保持着朋友关系。后来，D和B也离婚了。由于B和D的吸毒、贩毒经历，他们的三个孩子也被社会服务机构监护，但B情况一度稳定，三个孩子又被交还给B抚养，可后来B又出事了。于是，A就把三个孩子接去抚养。现在的情况是，A和E、F、G三个孩子生活在一起。D和B流落街头，无业。B有时会回去看孩子。其中，F是我们的当事人。

混乱吗？好笑吗？

挺混乱的吧。一点也不好笑吧！

　　F之所以来咨询，是因为老师想让她咨询，原因是她在和同学交往和学业方面有困扰。F自己则和咨询师说，她想解决的最困扰她的两个问题是：怎么能让爸妈不再吸毒以及到底谁是她真正的爸爸（real dad）。

　　这完全是真实的生活，这也是我们咨询师要面对的真实的个案。这也提醒那些热衷于成为心理咨询师的人和那些已经成为心理咨询师的人，如果你没有善良、热忱的心肠和坚强、冷静的神经，恐怕你会比你的当事人更早崩溃！

　　此外，也许这样的当事人会折磨得我们这些咨询师心力交瘁，但你务必记住：你的当事人能在如此混乱、恶劣的环境中存活至今，没有坚韧的抗逆力量（resilience）和强大的生存策略是难以想象的。咨询时，你能看到他们的生命能量吗？

　　无论如何，我们要记得向我们的当事人致敬，为他们生命深处的顽强、坚韧和智慧！

维多利亚岛上著名的布查特花园内的野猪雕像。
野性十足，但也彰显生命的力量

如果说由空入满还算是容易的，那由满入空就
相对更难了。

放空

　　学心理咨询的人大多知道空杯的故事。杯子里的水不倒空，新的水
又如何续进去呢？所以，咨询师在咨询时放空自己很重要，否则就容易
带着自己的偏见形成不准确、不恰当的判断，尤其是那些学了人格理论
之类学说的咨询师。特质说、类型说，自体、客体、依附理论，诸如此
类，那些确实是心理学重要的发现和研究成果，但是如果只是因为自己
掌握了那些理论，就凭一些简单的蛛丝马迹来断言当事人的一切，我感
觉是挺盲目和危险的一件事。

　　上午看了一个国内的心理类纪录片——如今心理咨询逐渐热门，连
纪录片拍得也有了"Discovery"的味道了——一个当事人觉得自己体
像（即体貌特征）有问题，越来越封闭自己，怕外出、怕与人交往，咨
询师在咨询时发现他父母在他小时候关系不好，常常相互争吵甚至打
架，于是咨询师按照精神分析理论断言他如今的问题是因为人格停留在
6岁，没有成长。他如今的所有表现都是那个6岁的人格所致。也许真实
的个案情况确实如此，但是仅仅从那个纪录片来看，我看不出这个结论
的必然性。当事人6岁时也没发生什么特别的事件，而他父母争吵也不

是从他6岁才开始的，我不太明白为什么就认定他的问题是6岁时扎的根呢？当然，案例的结局据说是在咨询师运用意象技术、格式塔空椅技术后，当事人接纳了自己6岁的人格而情况彻底好转。不过，对于心理学理论的合理化机制和认同的作用，加上咨询师的真诚、接纳，同样也可以令一个当事人的情况改善。也就是说，真正起作用的也许并不是哪种人格理论，而是咨询中的温暖关系和一些心理暗示。

有消息说美国国会在近期责成宇航局研究如何应对一颗可能撞击地球的大陨石这一危机，而那颗大陨石撞地球的概率是四十五万分之一。看到报道中提及概率时用的措辞，说概率"高达四十五万分之一"，我不禁哑然失笑。想想我们那些心理学实验，研究设置了5%、1%的置信区间，相比之下，四十五万分之一算得了什么。美国人不敢小看这几乎等于零的可能性，因为它一旦出现，就是一个国家或地区的完全毁灭。而我们的当事人呢？当我们使用那些心理学理论、研究成果、测试工具时，我们想到了其中的信度、效度指标了吗？我们有没有意识到它，进而重视我们眼前的当事人，因为他们都可能是我们所谓的理论、研究、测评乃至经验的例外？我们会不会因为自己没有意识或重视这些小小的例外而毁了我们的当事人？

林麟是我们中心最年轻的一个工作人员，我写的这些专栏文章都是麻烦他传上网的。他是个很机灵、聪明的小伙子。林麟一度在MSN上署名"放而不空"，还写了一篇《放而不空》的博文。我挺喜欢这四个字的，显出一片禅意来。

放空是不容易的，因为我们好不容易才让自己有点满。就像《倚天屠龙记》里的张无忌，学剑要达到最高的境界就需要忘记之前好不容易学会的所有招数。那些辛辛苦苦练得纯熟的剑招是那么容易忘掉的吗？所以，如果说由空入满还算是容易的，那由满入空就相对更难了。

在87版电视连续剧《红楼梦》中主演林黛玉的陈晓旭和她的丈夫最近放下过亿身家剃度出家、遁入空门，网上什么样的议论都有，但我觉得无论如何这份放下是不易的。佛家认为"我执"和"无常"是人生悲苦的原因之一。我们有欲望、想得到，得到之后又想维持、占有、控制，但世事无常，得的那刻就注定了失的隐患，一旦有失，人就难免痛苦。所以，就这么奇怪，得反倒成了痛苦的前奏了。所以，佛教认为，解脱之道在于控制自己的欲望，了解色即是空的道理。

而基督教说什么呢？《马太福音》里说："你们白白地得来，也要白白地舍去。"

除夕那天，参加了一群海外中国人的聚会，大家在一起包饺子吃，而且还有抽奖活动——每人带一份小礼物参加活动，然后通过抽奖互换。我抽得了一小小盆的长寿花。那天浇水时发现花盆这么小，自己又不太懂换盆之道，估计这花在我这里也只有花期的寿命。看着那些逐渐绽放的美丽花朵着实于心不忍，于是前些天就把花送给了何博士。何博士是摆弄花草的好手，长寿花在他家楼旁的那片花圃里一定会真正长寿的。

白白地得来，也要白白地舍去。想到下次去何博士家玩，还能看到那份美丽，心里不禁欢喜起来。

有时，听不懂也不一定是个灾难，也许深奥的
甚或含混的理论和术语也能奏效。

周杰伦真是个奇迹

2月24日我去SFU观看了2007年春节和元宵节晚会。晚会是SFU华人学生及学者联谊会主办的。说实话，节目水准比较业余，但就像唐人街的春节游行，很亲切、热闹，笑声不断，让人开心。

其中的一个节目是两人组合唱周杰伦的《爷爷泡的茶》。这首歌我觉得挺好听的，台上的歌手唱得也不错。尽管这不是我第一次听这首歌，可惜我听来听去，也就只能听出第一句歌词"爷爷泡的茶有一种味道叫做家"，坐在我旁边的吴绛说他听出了一句"爷爷泡得茶不准说不好喝"。我们都说他牛，还能比我们多听出一句。可我后来上网查了查，歌词中并没这句，比较相近的一句是"他满头白发喝茶时不准说话"。

前些天看从网上下载的《满城尽带黄金甲》。这边许多人都说比《夜宴》好看，但我觉得色彩太浓烈了，尽是红、黑、金色，太暗、太重了，不如《夜宴》色彩明快。后来想想，也许是因为《夜宴》我是在电影院看的，这种视觉和听觉大餐在影院看和在电脑上看本来就缺乏可比性，就不比较了。

大年初一唐人街游行中的武术队伍，且看老外耍棍

　　《黄金甲》的片尾响起了周杰伦的《菊花台》。那首歌我电脑上存
放很久了，可惜一直听不明白他唱些什么，这次看着《黄金甲》上的英
文字幕，开始大致明白歌词的含意了。颇觉好笑，一首中文歌，居然要
看英文字幕才能明白内容。

也因此有了进一步钻研的兴趣。我上网去查《菊花台》的歌词，这次又让我大跌眼镜了一回：我搜索歌词，依次点开搜索结果显示的前五个网页，结果发现：五个网页上的《菊花台》歌词竟然无一相同！比如，最后一句歌词"徒留我孤单在湖面□□"，这最后两个字周杰伦的台湾腔咬字不准，于是网上就出现了三个版本：一曰"成双"，二曰"生霜"，三曰"神伤"。根据前面的歌词，这三个倒都是可以的选择，尤其是"生霜"，很有想象力和视觉意境。到底是哪一个呢？无奈，我只好又倒回过去看电影结尾的歌词字幕，判定正确的是"成双"——如果那英文字幕没错的话——不过，英文字幕也很妙，这同一句歌词在整首歌中出现了三次，但这三次的英文翻译竟然全都不一样，不知是不是要卖弄英文水平：一曰"on the lake, a couple mirrored"，二曰"on the lake, a couple reflected"，三曰"on the lake, the two of us…"。你说是不是让人晕，让人叫绝？！

禁不住开始想周杰伦的厉害。从《双截棍》的"哼哼哈兮"起，他的快歌我只能听懂最后几句，如今他的慢歌我竟然也听不明白——其实也不是我啦，看看网上那诸多歌词版本就知道了。我还只是点开了五个页面，也许继续点下去，还有更多版本会出现呢。《千里之外》也很好听，但看看歌词，说实话真不知道他写些什么，简直是拿一堆文绉绉的词堆在那里。还算我以前看过不少国外意象派、国内朦胧派的诗作，也受过中国灿烂的古诗词的熏陶，但他那歌词的写法还真是够"原创"的。

可这些都挡不住周杰伦成为红得发紫的巨星，挡不住他的歌成为口水歌。我不由不佩服，周杰伦真是个奇迹。

后来细想一下也就释然了：他的歌曲音乐确实不错，《菊花台》、《千里之外》、《爷爷泡的茶》都是很有韵律之美的歌，节奏布鲁斯（R&B）的曲风也很适合人随曲轻摇。这有点像许多人偏好英文歌、日文歌、韩文歌，听不懂歌词有什么关系，音乐好就行。

好音乐是无国界的。

这次出国唯一让我有点不爽的是在出国前接的一个大学生心理健康教育教材的写作任务。原先想根据自己的工作经验写一些学生有兴趣看的、风格比较活泼的东西，但后来出版社将这本教材申报作为国家"十一五"重点规划教材，要求章节分明，内容严谨，表达专业，术语明确。是啊，这是传统教材的标准写法，可我大概写惯了口语化的文章，一下子还真的提不起兴趣来写板起脸来说教的东西。出来了五个多月了，可是除了出版社认可的写作大纲，至今也没写出几个字来。对比"叶落有声"这数十篇，真是惭愧。

如果没这书，倒真是彻底放松的一年。

有时想想所谓专业研究，是不是就是一个语言霸权的过程？尤其是那些社会科学领域的书，满篇艰深的术语，绕得你云山雾罩的，但真的解释出来，常常就是个挺简单的事。术语泛滥的另一个现象是，类似的概念由于研究者不同，为了标榜自己的原创性，还愣是用了与别人不同的术语来表达。

相对于研究，我更喜欢讲课。学术研究是用深奥的方式来表达通俗，讲课则正相反，用通俗的方式来表达深奥。在我的概念里，一个老师把复杂的理论、术语用最直观、通俗、能引发学生兴趣、能让学生听懂并印象深刻的方式讲出来，这才是本事。最差也得做到能让学生可以提问。回想我学统计时，怎么听怎么不懂，连提问都不知道从何提起，真是让人郁闷（当然也不能全怪老师，毕竟有些同学还是听得频频点头的）。

我也一直以为，咨询应该像讲课一样。面对当事人，咨询师最好以通俗、直观、别致的方式与之沟通交流，尽量避免拿一些深奥的理论去压当事人，比如边缘型人格障碍、俄狄浦斯情结、SCL－90等，除非你能给出简洁、易懂的说明。有时我们使用专业语言的霸权而不自知。记得有一次，我讲话说"焦虑"什么的，我妹妹就笑我"搞心理学的人就喜欢用术语"。我当时心里一凛："焦虑，那算术语吗？"在这圈子呆久了，这些词都成了很普通的常规用语了，哪里还会觉得那是术语啊。

但圈外人未必如此想。当事人也未必。

他们会被吓到吗？他们会觉得好笑吗？他们会因此与咨询师产生距离吗？他们的心情会因此更消极吗？他们的心理问题会因此更固化吗？

不过，周杰伦的成功还是让我有新的认识。有时，听不懂也不一定是个灾难，也许深奥的甚或含混的理论和术语也能奏效。就像上一篇提到的那个电视节目里的案例，咨询师按照精神分析理论认定当事人的人格固着在6岁阶段，当事人接受了、合理化了，自我催眠或接受暗示了，或者按照后现代的说法，被解构、重构了，症状一样有可能缓解。

就像周杰伦的歌，听不懂唱什么也照样无妨其流行。

在这个计划赶不上变化的时代，选择和依赖良好的环境生存已经不是积极的生存策略了，选择和依赖自己的实力生存才是根本。

就业

最近收到好几封国内学生写来的邮件，希望我能在他们在找工作时做推荐人，或者和我聊找工作的烦恼。看到那些很优秀的学生为工作焦头烂额，心里实在不忍。尽管我身在温哥华，远水救不了近火，但能做些什么我还是尽量帮一把。不过，有时也会很担心：如果有两个我都很看好的学生竞争同一个职位，都希望我推荐他们，我该怎么做啊？弄不好好事没做成，还把两个人都得罪了。

幸好，这种尴尬的情况到目前为止还没有发生。

二月底中国青少年研究中心发布了《"十五"期间中国青年发展状况与"十一五"期间中国青年发展趋势研究报告》，报告显示在2001～2005年间，中国普通高校的毕业生人数以两位数以上的速度快速增长，但就业率却在持续下降。其中2003～2005年，离校时未就业的毕业生人数分别达到75万、99万和120万。近几年，大学生就业压力凸显，就业竞争更加激烈。在巨大的就业压力下，大学毕业生中出现了有就业意愿但未能就业的大学生群。报告把这个群体称为"毕业漂族"。这个群体包括复习考研者、边看边干者以及就业困难的大学生。这个课题的一位研究人员表示，这三类未就业的大学毕业生中，第一类人有明确的目标，他们一般聚集在一起，互相鼓励，属于相对稳定的群体；第二类人虽然边看边干，但能逐步融入市场，适应市场；第三类人市场就业能力相对不强，心理较脆弱，而其数量在今后还会成倍增加，需要特别关注。

我没有看到报告原本，不知道以上信息是出自媒体的表述还是那个研究报告本身的表述。我并不是很同意研究中对毕业未就业者的三种划分以及对其性质的描述，但前面的数据是明摆着的，换句话说，就业压力是显而易见的。

至少，要找个让毕业生满意的好工作比较难。

昨晚，以前的一个邻居跑回来看我们，这个中国男孩在加拿大别省的大学毕业，专业是应用数学，他跑来温哥华找工作。他毕业差不多半年了，基本上靠在超市断断续续打零工谋生，做收银员或搬运货物什么的。反正温哥华的每小时最低工资也不是太少，只要你找到活干，生存是没问题的，而且像这样的零工也不是太难找。我知道他在找工作，就问他情况怎样。他说已经有一家银行看中他了，应该很快就能去上班了。像他这样的情况很典型：大学毕业后自己到处找工作，本地不行到外地找，一时找不到若有生存压力就找份零工干干，昨天可以在超市扛货包，今天也可以到银行当白领。没什么，一切都很自然、平常。他说来也轻描淡写，讲起自己以前做收银员、搬运工时也没有任何不好意思的表情，而现在说到将去银行工作，挺兴奋的，但也没觉得自己就了不起了。

我很欣赏这一份荣辱不惊的平静。

我们的就业市场情况一直发生着变化。比如有许多大学生希望在大学工作，觉得大学工作压力小、稳定，但其实如今的大学工作压力并不小，稳定也是相对的；再比如，如今的大学开始进行奇怪的人事改革，许多新进人员不再作为大学的正式编制，而是交给人力资源服务公司进行人事代理，类似以前的外服公司的操作方式（以前外资公司在中国不能直接聘用员工，而要找政府指定的人力资源服务公司进行人事代理）。面对类似的就业环境的变化，毕业生做好准备了吗？当你发现大学竟然像公司一样不稳定时，你会接受还是拒绝？

我想你迟早会发现所谓的"稳定"最好是建立在自己实力基础上的稳定。如果聘用你的机构离不开你，或者一大堆机构抢着要你，甚至你干脆强到可以自主创业，那你就能获得一种稳定感。那是一种动态的稳定，一种自信带来的心理上的安全感。

总之，以我个人的观察和见解，在这个计划赶不上变化的时代，选择和依赖良好的环境生存已经不是积极的生存策略了，选择和依赖自己的实力生存才是根本。

上面那篇研究中所谓的"毕业漂族"总觉得不像个褒义的称呼，至少不太好听，但看看那些所谓的"北漂"（在北京漂泊）、"横漂"（在横店影视基地漂泊），不也有慢慢找到机会出头发展、实现自己梦想的人才吗？

我猜想，那些在加拿大的新移民也会有"漂"的感觉。但"漂"而能生存，岂不是很顽强的生命力吗？

有方向、知道自己是谁并能坚持，我觉得这样的人无论如何最终都会生活得不错的。

即使道路曲折。

就业=生存=赚钱=一不小心钻进钱眼里再也出不
来了？——在加拿大皇家造币厂参观

从一个初学者成长为一个老练的咨询师，其中
很重要的一项训练就是对咨询谈话有整体性的
战略构思和把握。

效率

那天上课收尾时做了个循环同感练习。所谓"循环同感"指的是参与者围成一圈，其中一个人作为当事人先讲一小段话（说件事或表达几句情感），然后旁边的人（比如右边的第一个人）给出同感反馈，听完他的同感，当事人就接着继续给出回应对话；他说完，再旁边的人（右边第二个人）根据当事人新表达出的内容给出自己的同感反馈。如此，这个圈子的每个人根据当事人的每一次诉说依次给出自己的同感，使这种对话得以进行。这种循环对话可以进行两轮，甚至更多轮。

这是一个很有趣的同感练习。我以前写过一种同感练习，是一个人讲完，其他人给出自己的同感，相对比较静态，而循环同感是一种更为动态的同感练习。普通的同感练习可以学习如何从不同角度、深度对当事人的同一个诉说给出自己的同感，并通过当事人的反馈了解自己是不是同感到位。而循环同感练习除了可以考验咨询师的每一次同感的质量外，还可以观察不同的同感是如何影响对话的进程的，它们是增进还是损坏咨询关系，是推进还是阻挠咨询的深入。

那次扮演当事人的是我们这门课的授课助理——我们这个团体共有

11个人，包括1名教授，1名授课助理，8名学生和我这个旁听者——她的开头大致是这样的："我最近情绪很不好，这当然是和某件事有关，但这件事我不能告诉其他人，因为那是个秘密。真的，是个秘密。说出来，我妈妈是无法接受的。"然后，余下的10个人依次给出同感，共进行两轮。按照顺序，我排在最后一个。做的时候，说实话，我开始真有点紧张，担心轮到我的时候，能同感的点已经被前面的人挖掘光了，我没什么可说的了。然后，我就听到那9个人给出了他们的同感，有的同感当事人的痛苦情绪，有的同感她很重视和家人的关系，有的同感隐藏一个秘密不容易，还有的人说她是个负责任的人，愿意自己承担这份痛苦。许多同感都是有的放矢的，当事人也因此一再说"Yes"（是的），不过她的回应几乎差不多，还是说自己真的痛苦，但那个秘密不能讲出来。我觉得太多的同感确实让当事人看到了她的情况，但好像对推进咨询进程帮助不大，于是在轮到我时，我说："听了你刚才讲的，我觉得你的意思是说，其实你非常非常想把那个秘密讲出来。如果不考虑妈妈的话，你就会把这个秘密说出来，是吗？"她听后愣了一下，然后说："是啊，我真的好想说啊，如果我能不管妈妈就好了。"

　　我给出的同感除了回应她的痛苦和需求之外，还作了一个澄清：其实你是非常想说的，这是你最重要的需求，只是现在这个需求被阻滞。同时，借机暗示或强化了当事人诉说出那个秘密而获得解脱的动机，也指出了问题解决的可能方向或者是未来咨询的可能发展方向——如果当事人下一个反应积极的话，就有可能把咨询引向以下话题：为什么妈妈会是个阻碍？妈妈真的是个阻碍吗？如果真说出那个秘密，你会怎么样？你妈妈又会怎么样？会不会真相是：自己对妈妈担心的想法才是真正的阻碍，而妈妈其实并不一定不能接受你说出那个秘密？等等，诸如此类。

　　我个人觉得这是个更有效率的回应，既有同感，又有澄清，又试探性地推进了咨询的进程。

如果你使用认知疗法，我觉得这种语言把握的技巧和能力是很重要的。因为同感可以不仅是单纯的同感，深层的同感直接影响咨询的进程。比如说，你同感当事人不说出秘密是负责任的行为，那么很可能在无意中暗示她，如果未来说出秘密就是不负责任的行为；你同感当事人重视家人的关系而保守秘密，那么很可能在无意中暗示她，如果未来说出秘密就是不顾家人感受的行为。所以，你前面说的每一句话都有可能影响后面的进程。整个咨询过程是有逻辑的、一脉相承的。所以，从一个初学者成长为一个老练的咨询师，其中很重要的一项训练就是对咨询谈话有整体性的战略构思和把握，而不是割裂的，此一时彼一时，前面的同感和后面的引导相互矛盾、相互拆台。只要当事人的智商不太低，就可以在逻辑上予以反击或对质，令咨询师难以招架。

此外，我觉得中国的当事人对于咨询效率的要求是非常高的。美国人说短期咨询，其次数的概念大概是8～12次，而中国的当事人往往希望通过1～5次甚至更少的咨询次数就搞定一切。所以，近20年的咨询历练也逼得我努力使用最有效率的对话来实现咨询过程。同感（表达理解、构建关系）、探索（发现真相）、影响（激发动机和引导行为）等功能常常组合在一句简单的回应里，以推动当事人最大限度地思考和行动，同时咨询师在做这一切时又必须有高度的敏感，知道这种推进在那一刻是当事人能够甚至乐意接受的（否则，揠苗助长只会引发阻抗）。

所以，咨询的艺术是咨询师意图和当事人意愿的恰到好处的平衡和结合。

子非鱼，怎知洄游之后将死的鲑鱼的心情

真正的理解不是直接靠"我理解你"来表现的。

我理解，但······

专业性是华东师范大学心理咨询中心创建以来一直试图标榜的。尽管仍有许许多多尚待完善和改进的地方，但从1991年心理咨询中心成立伊始，做为心理咨询中心的负责人，我确定的中心定位之一便是专业性。即使我们为此损失了不少市场机会——比如放弃搞一些缺乏心理学和心理咨询专业色彩的偏门的或低品质的培训，比如放弃过度抬高自己的宣传机会——我们也把走得尽量稳健些、扎实些，作为我们一直努力去恪守的准则，而不是追求一时的大、快和利润。

很高兴的是在这一点上我和我的同事们有一致的追求。无论我们对校内学生的免费咨询，还是对校外来访者的收费咨询，我们都一视同仁地以专业、负责的态度对待，并在这些年不断完善我们的制度。最近我的同事发给我一份给我们办公室行政助理的规程草案，让我帮忙提点建议。规程包括我们的服务宗旨、原则、行政助理的工作职责、流程、考核方法以及接预约咨询电话时的应答方式等。那是我们中心制度建设的一部分，我们希望借此使我们行政助理的服务更到位，让咨询师和来访者更满意。

　　总体上看，应该说这份草案写得挺不错的。草案上甚至相当仔细地拟了典型咨询来电的回答参考，因为我们一些行政助理是刚上岗的新人，资料充分点对提高他们的服务质量有好处。

　　但当我看到"电话应答参考"这部分时，不禁哑然失笑。

　　如果当事人问：我需要多长时间解决我的问题呢？

　　应答参考：每个人都很想尽快摆脱不好的状态，这样的心情我们都可以理解，但心理咨询不是一蹴而就的……

　　如果当事人问：已经来了好几次了，为什么我感觉还是没什么效果呢？

　　应答参考：我很能理解您现在的心情，那您有没有与您的咨询师沟通过这个问题呢？

　　如果当事人问：我的情况是……您看我这情况有必要来咨询吗？

　　应答参考：我理解您现在的心情，希望我能给您一个答案，但我并非专家，根据我有限知识直接对您的问题作出判断也是不负责任的……

　　记得我在给那些心理咨询师学员上课或带实习时，初学同感的学员常常用"我理解你"来表达自己的关切和同感。这么做也不是不对，一般朋友之间谈话也常常用这一招。不过，心理咨询上说的同感往往不是如此体现的，而是你理解当事人什么，就把你的理解说出来。比如当事人问："我需要多长时间解决我的问题？"你理解他什么呢？如果你理解他心急了，就会有"心理咨询不是一蹴而就"的回应。但且慢，他这么问，就一定意味着他心急吗？也许他只是第一次咨询，不知道情况，就是很简单地好奇，想问问呢？所以，你要真正理解对方，一是要对个体心理行为的可能性有尽量充分的把握，二是有能力通过电话中对方的语音、语调来判断到底是哪种情况。其中要注意：真正做到设身处地，而不是简单投射自己的想法——比如猜测和偏见——到对方身上。如果你实在无法确认对方的想法，我建议的原则是尽量按照最善意和平常的那种可能来做回应，或者亲切、平静地询问他到底是哪种情况。这样即使没有太准确理解对方，也不至于引发对方的反感。

以上说的是"理解"，现在再说说"理解－但"的组合。

"但"之后是转折，如果前面是好事、好话，一转折就变调了，所以一定要谨慎使用。比如"你是个好人，但……"，尽管好人是基调，但一转折总容易让人听起来不舒服，把焦点都放在"但"之后。倘若前面说"理解"，但其实理解错了，对方已然有些不悦，可接下来发现你后面居然还追加个了"但"，于是就更容易不爽了，直接就破坏沟通关系。

一定要意识到："我理解……但……"的句型的潜台词很容易变成："你的一切想法我都了解，只是你的想法是错误的！我现在要告诉你什么是正确的想法……"当然，这样的表达也不见得是错误的、不可以有的，但一旦遇上心态恶劣的来电者，他听起来就会有很负面的感觉，他会觉得你在说："我知道你想快点解决你的问题，但这是做不到的！"或"我知道你来了多次心急，但你跑来找我干什么，找咨询师去呀！"或"我知道你想让我给你个答案，但休想！我可负不起这个责！"心理弱势、逆来顺受的当事人也许不计较什么，或者心里计较嘴里不说，心理强势、性格生猛的当事人可能就不会这么平静了。

所以，真正的理解不是直接靠"我理解你"来表现的，而是靠"你如果真的理解他，你又读懂了他什么"而直接把你的理解用同感技术表达出来，或者"你如果真的理解他，又会为他做些什么"而用行动表现出来。如果你理解他是初次咨询的门外汉，想了解些信息，你就尽量详细通俗地解释给他听；你理解他有点着急，你就亲切地安慰他一下，同时告诉他为什么咨询有时比较费时间；你理解他对咨询师有些不满，你就可以让他说说理由，小小宣泄一下，然后指点他这时可以有哪些选择；你理解他为自己或同学的事情担心而你又无法给出直接的专业回答，你就可以告诉他不用太紧张，同时平静地建议他找更专业的咨询师直接咨询一下……

最终我对同事拟定的"电话应答参考"的上述部分作了些小小修改，修改结果如下。

如果当事人问：我需要多长时间解决我的问题呢？

应答参考：不同的问题和不同的人情况都会不同。咨询师会想办法帮助您尽快摆脱困境，让您的心理状况好转。但具体到每一个人，咨询时间的长短是和您咨询问题的目标、困难程度和您的配合程度等多种因素关联的。

（进一步，如果对方是我们校内的学生）我们提供的是免费的服务，主要服务的是发展型咨询问题，比如情绪困扰、适应问题、人际关系、行为策略、生涯规划等，一般咨询1～5次，最多不超过8次。如果问题比较严重，需要心理治疗的话，我们有可能在这里咨询结束后或在一开始就建议您转到正规的心理治疗机构进行心理治疗。不过，作为正式的心理治疗，那很可能是需要收费的。

（进一步，如果对方是校外的求询者）很多时候，咨询往往不是一两次就可以达到理想效果的。有些人咨询动机强烈、悟性好、行动力强，他们在咨询或治疗中只需要得到方向和方法，就可以回去自己执行，这样咨询或治疗所需要的时间有可能就短些；有些人则需要更多时间让咨询师或治疗师陪伴他慢慢发现自己内心的真实想法，洞察自己心理问题或疾病的真正根源，鼓励他慢慢发生改善，并通过较长时间的努力令改变的效果持久、长远。这样的话，所需要的时间就长些。

如果当事人问：已经来了好几次了，为什么我感觉还是没什么效果呢?

应答参考：来了几次，效果不明显，许多当事人都有可能感觉惶惑、着急乃至不满。当事人如果对咨询师不满意的话，是有权更换自己的咨询师的。不过，咨询师的咨询方法各有特点，所以最好在更换咨询师前找咨询师表达一下自己的看法，与他沟通一下，看看问题出在哪里。

请问您有没有与您的咨询师沟通过这个问题呢?

（如果回答"否"：建议他与咨询师先沟通一下。）

（如果回答"有"：那您现在希望我们做些什么来帮助您呢? 要不要更换咨询师或者您有想更换的咨询师的名字吗? ）

如果当事人问：我的情况是……您看我这情况有必要来咨询吗?

应答参考：（若接待员可以判断是否需要，就可以直接给出建议，建议他来咨询或不必。若难以判断，就如实告知对方。）您刚才简单讲了您的问题，但电话里简单的描述我无法很准确地给出我的判断，我建议您若有时间、方便的话，最好还是来咨询一次。与专业的咨询师面对面谈，对您问题的判断可能更准确。您看呢?

如果您无法在这里马上作决定，也没关系。我们这里的值班时间是……等您考虑好了，您随时可以打电话进行预约。

你能理解这只猫此刻的心情吗

我觉得《巴别塔》拍得更深刻，拍出了人与人之间不愿沟通或者沟而难通的困境，拍出了每个人抓着自己的尊严和需要不放，自我、自私、自大的现实窘境。

沟而难通

《Babel》（中文译作《巴别塔》或《通天塔》）是冈萨雷斯角逐第79届奥斯卡奖的电影，它因为获得七项提名而成为夺奖呼声最高的热门影片，但最终该片只捧得最佳配乐奖，成为本届奥斯卡的最大冷门。也难怪，上届同样主题的《Crash》（《撞车》）已经拿了奖，这次的《Babel》就没这样的好运了。

影片的片名典出《旧约》。我很喜欢《旧约·创世记》中的这则故事："那时，天下人的口音、言语都是一样。他们往东边迁移的时候，在示拿地遇见一片平原，就住在那里。他们彼此商量说：来罢！我们要做砖，把砖烧透了。他们就拿砖当石头，又拿石漆当灰泥。他们说：来罢！我们要建造一座城和一座塔，塔顶通天，为要传扬我们的名，免得我们分散在全地上。耶和华降临，要看看世人所建造的城和塔。耶和华说：看哪，他们成为一样的人民，都是一样的言语，如今既做起这事来，以后他们所要做的事就没有不成就的了。我们下去，在那里变乱他们的口音，使他们的言语彼此不通。于是耶和华使他们从那里分散在全地上；他们就停工，不造那城了。因为耶和华在那里变乱天下人的言

以这两位的架势，要沟通比较难

语，使众人分散在全地上，所以那城名叫巴别。"

我记性不好，所以一直不太喜欢学外语，因为背单词很要我的命。当我中学时第一次读到这个故事时就想：如果不造巴别塔，全地上的人语言都一样就好了，不必再吃学外语的苦了。关于这个故事，普通人的解读是，这个故事告诉我们团结就是力量，如果人真能团结的话，连上帝都怕人的力量；而基督徒当然也有自己的解释，那就是人不该自高自大，为传扬自己的名而大动干戈。所以，我想冈萨雷斯也基本上是取了这个寓意来作片名，但整个故事与圣经无关，而是发生在现代，在当代的美国人、摩洛哥人、墨西哥人、日本人之间，在富人和穷人之间，在主人和仆人之间，在警察和百姓之间，在年长者和孩子之间，在聋哑人和健全人之间，每一群人之间都难以沟通，无法理解，不愿包容。比起《撞车》的戏剧性，我觉得《巴别塔》拍得更深刻，拍出了人与人之间不愿沟通或者沟而难通的困境，拍出了每个人抓着自己的尊严和需要不放，自我、自私、自大的现实窘境。导演冈萨雷斯感慨："人们其实是迷失在彼此的心灵中，人与人的边界其实来源于人们的内心。人和人之间的联系纽带多么脆弱啊，遇到一点点障碍便疑窦丛生、挑起攻击。而更可悲的是，这种纽带的断裂并不是外力作用的结果。有时候，是人们自己制造了断裂。有人觉得语言不通造成隔阂，其实就算是语言通了又怎样，人和人的想法不同，很多时候，语言反而成为一种精神的海市蜃楼，让人们更加迷失、困惑，让人们跌入一个又一个陷阱。"

我觉得他说得很精辟，提示我这个靠语言吃饭又工作于人心的人要时时警醒。

前些天有一位女性朋友向我抱怨她和她先生的一次沟通。他们结婚不久，本来不住在一起的婆婆因故要过来和他们同住一段时间。我这位朋友就有点紧张，因为他们刚结婚，对婆婆的生活习惯和脾性也不太了解，生怕做得不好，惹婆婆生气。为了讨好婆婆，让丈夫满意，她不断问丈夫自己该怎么做，说自己很担心、害怕，丈夫被问得不耐烦，就说："你这人，有什么好怕的。你很善良，相信你不会做出什么让我妈不开心的事；而我妈也不是坏人，不会把你怎么样的！"不料，这一回答弄得太太很不高兴，一肚子的委屈。

当我听她诉说的时候，我自然而然站在一个男人、一位丈夫的立场上，觉得这话没什么问题，妻子却不高兴，一时不解，就问她，丈夫这样的回答究竟为什么让她有如此负面的反应，在我看来，那位丈夫正是在宽慰妻子，甚至还肯定了妻子，又有什么错呢？可没想到我那位朋友却完全是另一种想法："他说他妈不是个坏人，这就很可怕了。万一产生矛盾，他若不在场，一定会认为是我不好。他妈不是坏人，那我就是坏人了！"

Oh, my God！丈夫在尽力宽慰妻子，而妻子并没感到焦虑被宽解，反而更添压力。简直是南辕北辙，鸡同鸭讲！妻子想做得好，丈夫也想做得好，可结果呢？结果是，妻子觉得委屈，丈夫也觉得委屈，若不是自控得好，两人都快吵起来了。

沟通之难，可见一斑！

上一篇我写我修改了我们心理咨询中心的电话问答参考稿，有一位以前的学员发电邮和我探讨，说我多虑了。她认为"不如教我们的助理更诚实，这样即使他们说出'我理解，但……'，其内心的诚意和实在依然可以留住来电者。"

我的想法是：她说得也对也不对。对的是，助理们热忱助人的态度很重要，而不仅仅是读或背那些台词（其实我在草案上还特别加上了"不要照本宣科，而要自然、亲切"的提示）；不同意的是，诚实是一回事，技能是另一回事。就像你有个貌丑的女朋友，你就可以对她直言"你很丑，但你很温柔"吗？依我看还是多提温柔为妙。

不少来咨询的当事人处于负面情绪之中，心态和个性也不见得非常好，你能保证他们在电话中有良好的理解力去洞察你诚实的善意吗？尤其当那些诚实听上去不那么顺耳的时候。

确实，我最希望看到的是，我们的咨询师能够从那些回答中体会我们应该有的态度和专业的技能。我个人认为，沟通的态度和能力是缺一不可的。

人公是我们学校经济系三年级的学生，从大一开始就在华东师范大学的闵行校区担任心理咨询中心的助理。和我们这些搞心理学的人厮混久了，他的博客也写得心理味十足，看上去倒像是心理系的学生。那天看到他的一篇博文写了这样的话："亚子说人和人最深层的连接是相通的，同感是'用你的脚去试他的鞋'，或者用胖胖的说法是'换个屁股思考'。而我赞同周国平的说法：人和人根本没法沟通。"

喜欢思考的年轻人总是更偏好极端点的思想，但周国平至少提醒我们：别以为理解是件容易的事。而同感和沟通建立在理解的基础上，所以也是不容易的。

我发现我已经写的数十篇文稿中竟然有这么多篇涉及同感和理解，这的确是因为当我开始回顾自己的咨询经验时，还是发现我最初所学的基本技能——同感，竟然是心理咨询中最重要的同时也是最不容易学好和做好的功课！

对话完之后，觉得有点意思，就记录下来。

对话

以下是我和林麟在网上的一段对话。

林麟：叶老师，在吗？不好意思，我犯了个错误。我昨天见了张人公，他说他是金融系的，不是经济系的。

叶斌：不要紧。那你帮我将文章改了就行了，性质差不多。他看了那篇文章了吗？

林麟：估计昨天我说完之后他会去看的。还有他说他坑你了。

叶斌：为什么？

林麟：人和人根本没法沟通，这句话不是周国平说的，他说是他自己说的。

叶斌：幸亏我说是他的博客说的。所以，教训是不可抄袭，应该注明出处。哈哈！

林麟：叶老师果然是老江湖！

叶斌：那他为什么要坑周国平？

林麟：他说他总结的。他好像听了周的讲座之类的，然后就这么理解了……

叶斌：噢，是介于两者之间，或者说他作了较为偏激的投射。

林麟：哈哈！

叶斌：又是不知道真相。

林麟：后现代，后现代……

整个对话持续了八分钟。对话完之后，觉得有点意思，就记录下来。一则作为上文的勘误，二则我觉得其中也还是有点心理咨询的元素的，比如澄清的技巧，再比如……

不说了，你自己找吧。

李（Lee）和他的朋友，这个小岛是他们望海、发呆、聊天的好去处

当我再做十几年，到了她这个年龄，我是不是
还能有如此的激情？还能如此享受当事人带给
我的惊喜和快乐吗？

最精彩的周末

基茨是"心理咨询实践（进阶）"课程的主讲教授。她看上去应该
有五十多岁，教学和实践的经验都很丰富。她讲话时常常面带微笑，轻
声轻气的，语速通常很慢，和爽朗说笑的前任教授纳塔莉的风格截然不
同。自从纳塔莉说笑间关掉两个人之后，我觉得学生们在平静的外表下
都多少有点紧张，看得出他们很担心这位外表不露声色的基茨会不会有
和气的表面和同样严格而不留情面的手段。所以，比起纳塔莉，我觉得
基茨的课堂气氛要沉闷不少。

每节课的开场照例是"check-in"（报到）环节，也就是每个人说
说自己这周发生了什么，主要是咨询实践的情况，有没有将上一节课的
所学运用到一周的实践中，还有就是交流一下信息，比如哪里又有心理
咨询方面的培训班举办之类的事。通常发言的顺序是学生先讲，然后是
我和助讲的教师讲，最后是基茨。我有时发言，有时沉默，因为我在这
里基本上没做咨询，所以也就是听他们讲而已。基茨基本上很少发言，
她不会讲她做了些什么，仅仅有时会分享一些培训的资讯。

昨天，当学生讲完，助讲的教师环顾了一下四周，当她目光扫到

街坊家门前的樱花

确切说，这个品种叫李花（plum），三月初开花。
接下来该是吉野樱花和关山樱花开放了

我的时候，我轻轻摇了摇头，示意我没什么要说的，助讲也没什么要说的，于是她就准备开始下面咨询录像研习环节。但就在这时，基茨插进来说："我有要报告的内容。"

她的语调一反常态，透着兴奋，声音也比往常高了些。

大家有些惊讶，一起扭头望向她。

"我过了一个精彩的周末。"她笑容灿烂。

原来，她上周末去主持一个治疗团体。两位心理咨询师搭档，面对一个有心理创伤的小组。在两个整天里，他们用了心理剧等一些团体心理治疗的方式，效果非常好。

"我没想到有这样的效果。时间短，面对的团体又是有心理创伤的，难度很大，我期望不高。但最终的效果让我吃惊。"基茨说，"看到那些人最后能有如此的相互信任感，他们信任彼此，拥抱彼此，给对方支持和力量，简直太美好了，简直是个奇迹。难以想象，团体的力量真是惊人！"

　　"这是我职业生涯中最精彩的一次咨询经验。我觉得刚过去的那个周末也是我人生中最精彩的周末！太棒了！"她最后总结道。

　　此后，显然她还沉浸在自己的这份兴奋中，她微笑着坚持让我也说些什么，当我说没什么事发生时，她说："说点什么吧，总归有点事发生的。"

　　看着她如此幸福的表情，心里不免也被触动了一下。我不知道她做咨询做了多少年，我在想：我已经做了近20年的心理咨询工作，当我再做十几年，到了她这个年龄，我是不是还能有如此的激情？还能如此享受当事人带给我的惊喜和快乐吗？

　　或者，那时的我还是不是还在做咨询？

　　将要毕业的波波在博文中激情洋溢，我给他留了个言："衷心地祝福你，在你离开襁褓、人生之旅即将正式启程的时刻。愿你能在过尽千山万水之后，依然保有赤子之心！"

　　当梦想照进现实，愿大家的幸福都能像花儿一样。

不知名的野花、野果

尽管情感流露，尤其是哭泣，可以作为咨询关系建立好坏的一个参考指标，但我们不要过于刻意在咨询中追求这样的效果。

王朔被弄哭了

那天看了凤凰网对王朔的访谈直播。说实在的，看完以后挺失望的，整个节目就是王朔骂人的过程，充满粗口。我知道他痞，但没想到痞到这种程度。当然，每个人都有自己的风格，但我不喜欢也是我的自由。

失望往往源于期望。王朔是我很喜欢的作家之一，我刚进大学时买了他所有的作品通读了一遍。我喜欢那些读起来有感觉的文字。吸引我的作品最好不仅是内容上打动人、吸引人，而且在文字上要有阅读的快感，比如节奏感、幽默感或者可供咀嚼、回味。这样的作家除了王朔外，还有老舍、古龙（节奏感的典范，以我的阅读标准，金庸比之差多了，但愿金大侠的粉丝不要拿砖拍我）、马原（魔幻现实主义的风格，叙事的笔法独树一帜）、格非（华东师范大学的高手，可惜被挖走了，他的文字干净、冷静，让人叹服）、何立伟（他现在好像只写散文、专栏文章了，配上自己画的插图）、废名（知道他的人恐怕不太多，因为见到何立伟说他的文字受废名影响很深，于是又找了废名的书来读）等。大学毕业后很少读小说了，所以也不太知道谁的文字好。最近偶然看到韩寒的几篇博文，文字犀利、辛辣，骂人时逻辑清晰，笑里藏刀，读起来还挺畅快的。

回过来说王朔。他那副"我是流氓我怕谁"的样子甚至让我动摇：我要不要去买他那吹得花好稻好的《我的千岁寒》来读？

一周以后，网上传来另一个消息：王朔被邀请上"心理访谈"，结果被那期的心理专家李子勋弄哭了。

据说，上那期节目是因为要处理王朔和他母亲的关系。整个过程中，王朔老老实实回忆过往，听凭心理专家引导，最后哭得连连使用纸巾。事后，李子勋评价说，王朔的心理年龄只有18岁，是个智商高、情商低的人。

总之，这一切都让普通人大跌眼镜，对心理专家的功力赞叹不已。

我在培训心理咨询师的时候，常强调处理当事人情绪的重要性。在我的经验里，处理情绪的作用一方面是帮助当事人宣泄郁积的苦痛。中国人比较含蓄，情感表达比较克制，所以常常是表面平静，内心深处波涛汹涌。如果不注意帮助他们加以宣泄，很可能在咨询后期成为阻抗；另一方面，处理情绪也有助于构建良好的咨询关系。我认为，如果一个当事人在咨询的中段——在咨询初段当事人就开始哭诉只能说明当事人不属于情绪太压抑的，或者情绪已经控制不住，这时的眼泪并不一定足以成为当事人对咨询师深度信赖感的强力指标——当着咨询师的面开始哭泣，这至少表明当事人对咨询师已经建立起相当的信赖感，使之有勇气暴露自己的情绪，而且这时当事人的心理防御也相对减弱，容易让咨询师进入其内心，发挥自己的影响、作用。在咨询前期，做好、做充分这两方面的工作，将对咨询后期当事人的行动——比如更深入的自我探索或行为策略和计划的执行等——有直接的正面影响。这一点，在我的博士论文里有更多的阐述。

其实，对于一个有经验的咨询师，让一个情绪压抑的当事人哭泣并不是非常困难的。当当事人信任你，开始讲他伤心的往事时，你很容易有机会把他"弄"哭。比如你感觉他语速开始放慢，略有哽咽状，眼眶湿润，或开始用手揉捏鼻子，擦眼角，这时你若适时从纸巾盒里抽出一张纸巾递上去，当事人很可能化小泪为大泪。我常戏称面巾纸是"催泪弹"。

不过，需要注意的是，尽管情感流露，尤其是哭泣，可以作为咨询关系建立好坏的一个参考指标，但我们不要过于刻意在咨询中追求这样的效果。我遇到过多次刚出道的咨询师向我报告他成功地让他的当事人哭了，说的时候一脸的得意难以掩饰，我觉得他们的做法是要很小心检讨的。

其一，当事人的情感流露应该是水到渠成的，纸巾只是催化剂而已。我们用到位的同感来构建咨询关系，即使当事人不掉泪，咨询关系一样可以良好；其二，如果当事人被你过早催化哭了，但心理上的准备还不充分，哭泣很可能对咨询关系有负面影响。他也许觉得自己被控制了，也许会后悔自己的过分软弱，一旦此后更提防起来，咨询师就难办了，很可能会欲速而不达，聪明反被聪明误。

再次回到王朔。我没看过那期的心理访谈节目，所以很难评价王朔那刻的落泪到底是什么性质的。王朔是个作家，作家、演员之类的人情感比较丰富，比起那些城府深不可测的官员来说本来就比较容易落泪。朱军不就是把那些文艺圈的嘉宾弄哭的高手吗？只要触碰那些让当事人伤感或激动的往事或情结，一切就能搞定。此外，电视节目本身就不同于正常的关上门的隐秘的一对一咨询——学精神分析的人最明白那种节目的游戏性质——加上这节目又恰巧放在王朔的新书发布前，就让人有复杂的揣度。我相信王朔绝对是个高智商的人——我同时也不认为王朔的情商低，情感智力本身就是智力的一部分，与社会智力有相当的概念类同——若真只是想和母亲和好，为什么他没私下去找李子勋呢？而非要选择让自己79岁的老母亲在公众面前曝光呢？会不会是他、央视或是出版社设的一个局呢？而咨询师只是一个道具或者也是局中的一个助手？

反正对于我而言，我无法想象这是一件平常、自然的事。

无情未必真豪杰，怜子如何不丈夫

从发展心理的角度看，挫折或负性的环境对个体的影响大抵有两方面：一方面是带给个体负性的感受，另一方面也帮助个体在适应过程中发展出调适的生存策略。

"进化"

这些天，竟然出现一种特别的感觉，感觉日子过得飞快起来。

挺奇怪的。

初到温哥华的一两个月，日子过得不快不慢，或者说又快又慢——快的是对新环境的探索，慢的是没有了上海的节奏、压力和丰富多彩，多少有点寂寞和无聊。

然后温哥华进入冬季的雨季。人被锁定在房间里，开始过一种"熬"的日子，这时的日子过得有些慢。

如今时间过半，不知不觉，二月、三月竟然很快就过掉了，四月、五月的一些活动已经在安排中，所以预想也会在不知不觉中飞快地过掉。再然后呢，差不多就要回国了。

于是就想，这种感觉上的快慢变化究竟是怎么回事？

小时候，父亲在北京工作，母亲则在上海。母亲的工作也很忙，平时我和奶奶待在一起的时间更多。奶奶能很好地照顾我的生活，但不能教我些什么，于是小时候就常常独处，找家里的书看或者一个人玩积木。后来，奶奶说我一个人太寂寞了，让妈妈再给我一个伴。于是，就有了我妹妹。

这是妈妈告诉我的，我想应该多少是有点真实性的。

不过，这也让我从小发展出面对寂寞的策略，能够忍受孤独。

从发展心理的角度看，挫折或负性的环境对个体的影响大抵有两方面：一方面是带给个体负性的感受，另一方面也帮助个体在适应过程中发展出调适的生存策略。

此所谓"进化"。

比如我小时候的孤独。我觉得一方面令我害怕孤独，喜欢群体的生活；但另一方面若实在不得已，也能接受孤独，因为我从小就发展出了应付孤独的策略。我可以安静地阅读、书写，借此打发时间，填补空虚，让日子慢慢变得容易过起来。

所以，当半年过去了，我从小就有的耐受孤独的策略重新发挥作用，帮助我不再烦躁，开始逐步适应、接纳甚至享受这种安安静静的慢节奏的生活方式。

这是一种可能的解释。

在心理咨询中，了解当事人过往的价值之一在于洞悉其在经验中发展出来的行为策略和反应模式，增进对当事人的理解，并把这种洞察反馈给当事人，帮助他们了解自己。比如在暴力家庭环境中成长起来的孩子，人格发展的一种可能是懦弱，因为要适应家长的强大；另一种可能是蛮横、暴躁，这是因为目睹了暴力的强大，然后自觉或不自觉地模仿学习，最终复制了父母的行为模式；再有一种可能是具有两面性，在强者面前懦弱，在弱者面前强横，就像有的小孩小时候斗不过父母就只能在家里装小白兔，但一转身，却可能是个校园中的小恶霸。

值得注意的是，这种两面性是很常见和典型的。

了解和理解"进化"过程中个体所受到的多重影响是很重要的。一些咨询师对这一点缺乏把握，容易偏颇地看到其中的一个方面，以至于无法全面而充分地理解当事人的心理和行为，尤其是当事人心理和行为中的多面性、复杂性和矛盾性。

　　格式塔疗法在这方面有深刻的洞察。它讲究部分和整体、主体和背景、感觉和理性之间的关系和整合，其中的一些思路和方法对理解和处理惯于压抑自我的中国人来说相当有价值。

　　也正是因为人的多面性、复杂性和矛盾性，人才是完整和真实的。

和SFU的教授一起滑雪

不知他现在过得好吗？真的，非常非常希望他
能过得好。

其实你不懂我的心

不知为什么，今天我突然想起了很多年前认识的一个人。

那时我在一些报刊上开设心理专栏，一天收到一封寄自延安的信。这是一位曾经的精神病人写的信，他在信里说他曾经因精神疾病住院一百多天，现在康复了。这段经历让他很有感想，并记录下来，写成十来万字的书稿，问我是否可以帮忙找到出版的渠道。

我让他把书稿寄来，让我先看看。书的名字是《歧路——我的一百零八天》。我看了觉得写得相当不错，他很细腻地写了自己那段时间的心路历程，非常生动、鲜活，描述了一个精神病人眼里的世界。《异常心理学》教科书上抽象的症状——诸如抑郁、躁狂、偏执、幻觉、妄想等——在他的书里变为仿佛可亲见的具像画面，而且还有旁白可听，告诉你为什么病人会这么想。精神科医生、家人、同事和领导，他们的一举一动，在病人眼里到底会引发怎样的情绪和想法。

我是真心实意希望这本书能出版，这是普通人理解心理有问题的人的一个很好的标本，也让人们看到那些病人并不神秘、可怕，他们经过治疗依然能够继续工作、生活，甚至写书。我甚至还替出版社设想了宣

伯内特公园：一个独处的人

传语："中国的比尔斯"、"中国版的《一颗找回自我的心》"。克里福德·比尔斯是耶鲁大学的高材生，但后来因为患精神疾病住院治疗，出院后写下了自传《一颗找回自我的心》，书中记录了他患精神疾病以及住精神病院治疗前后的种种遭遇、内心体验和思考，他自称这书是他的"精神内战史"。这本再版50多次的书出版后在美国社会引发强烈的反响，直接导致了美国的心理卫生运动，成为心理咨询和治疗史上很重要的一段历史。

在取得了作者的授权后，我认认真真地对书稿进行修改，去掉了原稿中的一些对社会环境不满的偏激文字，突出了作者的心理感受。但修改后找了好几家出版社都没出版社愿意出版。后来，我实在没办法，就想先在《大众心理学》杂志上来个连载，或许有出版社看后有兴趣出版，于是我弄了个简版的连载稿，控制字数，以能在杂志上分12期连载。可惜编辑部在找专家审读后仍认为这是病人的作品，严谨性不足，不能刊用。很可惜我当时是刚出道的新人，没有权威和专家的分量，未能促成此事。

前前后后忙乎了一年多时间，结果还是一场空。除了挫折和沮丧外，我还很担心那位作者会不会因此打击而旧病复发，但他表现出我意料之外的平静。当我最后告诉他自己无能为力的时候，他还写信反过来宽慰我，感谢我为他这样一个素昧平生的陌生病人操了这么多心思，付出很多心血，他说他已经不在意这书是否能出版了，他已开始另一部书稿的写作，写他病愈后的经历，书名暂定为《新生》，预计25万～40万字。我只能在信里、在心里祝福他。但我后来没敢再多主动联系他——我们只在过年时互发过问候的贺卡——我怕他新的心血出来后又找我，而我却帮不了他，让他失望。

现在，每当我偶然想起他——我几次搬家整理物件，就会看到他那已经泛黄的书稿，我甚至想不起我最后一次搬家时是否把他的书稿保留下了——心里就五味杂陈。

不知他现在过得好吗？

真的，非常非常希望他能过得好。

写到这里，我突然想起我为什么会忆起这段往事了，因为昨天我偶然重读了我收集的资料库中那篇黄国峻写给妈妈的信。黄国峻，台湾人，作家，1971年出生，2003年因抑郁症自杀，就在写完《报平安》这封信之后不久。如果你是心理学工作者、心理学爱好者，或者你有家人、朋友正受精神疾病或心理问题的困扰，建议你找来这封信（可以用"黄国峻"加"报平安"搜索该信），仔细读一下，然后问问自己，你是否真的能懂他们的心，能给他们所需要的那种爱、理解和祝福。

能做的与不能做的

有这样一个男生：

他出生贫苦；他的父亲不知因为什么原因，希望离开家乡到一个没有人认识他的异地生活，于是他们家移居异地，在一个大城市的郊区生活；他的父母都是洗衣店的工人，而他对富裕家庭出生的人似乎很敌视，但他读书还不错，所以还是上了大学；他个性内向，平时很少和人往来，安静、沉默，朋友很少，几乎不参加集体活动，连上高中时的班集体的毕业照都没参加拍摄，但他喜欢打篮球；不过，有时他也挺主动的，他曾经为追求两个女生在校园里主动拦截她们，可惜都没什么结果。

有一次上课，老师让大家先做个自我介绍，但他什么也不愿说。学生都在签名册上写下了自己的名字，而他写的只是一个问号。当老师问，"你是叫问号吗？"他却还是不吭声。大家都觉得他的脾气有点怪。

他是文科生，主修英语，老师发现他英语写作课的作业的内容涉及暴力仇杀，觉得他作品的基调太消极、阴暗了，要求他重新写。在和他谈话时，这位老师认为他性格孤僻，所以好心建议他去心理咨询，但他不置可否，他告诉老师他以前去咨询过。

他说的是真话。有一次他情绪低落，他的朋友担心他自杀，就带他去见了心理医生。

最近一周，他似乎情绪不太好。昨晚他一个晚上都没睡，好像在赶一份作业。

作为一名学校心理咨询师，当有个学生来向你反映他的室友有如此表现时，你会认为这个男生问题有多严重？你又会做些什么？

动物凶猛

关心时事的人当然很容易看出这个男生是谁。他是曾经的新闻人物赵承熙。这位美国弗吉尼亚理工大学英语系的韩国学生，开枪杀死32人后，自己也开枪自杀，制造了一起被称为美国历史上最严重的校园枪击案，震惊了世界。

但是，如果真有他的室友在他行动之前来向你咨询求助，你会作何反应？你觉得如果你是那个当班的心理咨询师，你会有几分机会将这场就要发生的危机扼杀在摇篮里？

媒体异口同声声讨大学相关机构的不作为，对预警消息反应迟钝。但心理危机的预警有时就像天气预报那样，吃力而不讨好。你喊"狼来了"，三次之后，狼没有真来，大家就不以为然了。那份麻木常常让隐患成为灾难，而如果敏感到每个脚趾，你又会被快速榨干，精疲力竭。

这就是学校心理咨询机构和学生工作者面临的困境。

局外人以为心理测试很有效，但其实未必。马加爵事件之后，云南省乃至国家教育部大力推行在校大学生进行心理测试，我却一直不以为然。我的想法是仅有测试是不够的。就像体检，即使有了体检，照样还是有人生病，甚至因病死亡；即使有了心理测试，也还是会有误报和漏报，就算击中目标，还有重视不重视的问题。我当时的一个质疑就是：如果你通过心理测试发现有一个学生有75％的可能性是下一个马加爵，你又能拿他怎样？

现在是法制社会，你能半强制地搞全员心理测试——未来这么做甚至会是违法的——但你不能仅仅靠一份准确度有限的报告就让一个人离开学校（进入社会就能安全了吗）。但等有一天危机真的发生，可能一切又来不及了。

所以，我们需要做些什么呢？就学校而言，当然要尽量发展有效的危机检测和干预系统，比如追踪学生的心理健康状况，发现潜在的高危人群后通过心理咨询和心理训练等方式改善其心理素养，同时帮助其建

弯弯曲曲的栈道通向何方

立教师、同学、家长、心理咨询机构等多维度心理预警和支持系统。

但我觉得更重要的是早期教育环境、家庭环境和社会环境的控制和改善。错失了个性和价值观塑造的关键期和关键环境，再要来做扭转工作，实在是事倍功半。

就像赵承熙，有了那些过往的经历和已经成型的个性，即使他不在大学制造悲剧，你能保证他日后在校外就不会出问题吗？其实，这是防不胜防的。

只有成人的心态和行为好了，我们的下一代才
会有希望。

钓蟹

　　好天气越来越多，但新学期要到5月初才开始，所以有时候在屋子里就有点闲得呆不住。

　　房子里又住进来一个人，仅有的两个房间都住了人，他就只能住在厅里。一聊发现他竟然是上海人，移民，前年就过来了，但住了一段时间后觉得无聊，又回了上海，一呆就是9个月，若不是要过来缴税，还想赖着不过来呢。

　　就问他：既然这样，为什么要移民？

　　答曰：还不是因为有了两个钱嘛。

　　他原来在外企当白领，搞销售，做得还不错，然后想出国能更上一层楼，就办了移民。可到了这里没本地工作经历，也就没什么好工作可以做，只能打打零工，做做流水线工人。他挺能吃苦的，在厅里搞了张钢丝床，又不喜欢床太软，就找了一扇门板架在上面，再铺了床垫睡。早春的温哥华还挺冷的，他倒不怕冷，厅里没什么暖气他也不在意，为了透气还常常门窗大开，真服了他了。

　　最近国内股市行情好，他也炒股，来了以后天天晚上看行情。也找工作，但不甚上心，觉得一般的工作都没股市来钱快。所以来了快一个月了，也没做什么工。每天闷得难受，就常常开着买的二手车出去逛商场，早上起来吃完早饭就想午饭吃什么，吃罢午饭又开始琢磨晚饭。早早吃完晚饭，开始看国内的股市行情，股市收盘后睡觉。

天天如此。

那天天气好，他向我提议，出去逛逛吧。我问去哪里，他建议到附近的海边看看。我说好，于是他就开车载我一起出发。

目的地是家附近的伯内特公园（Burnet Park）。BC省最多的就是公园。海边、湖泊、草地、森林、湿地，大多数都是免费开放，供人们跑步、锻炼、散步、远足、野餐等。

所谓的海边就是从SFU山头看下去可以看到的巴拉德湾（Burrard Inlet），它从西面的市中心一路延伸过来，直到伯纳比山（Burnaby Mountain）的脚下，再往东就是穆迪港（Port Moody）了。车开了十分钟不到，我们就到了伯内特公园。它原来是海岸边的锯木场，后来拆掉了，这里也就变成了公园。穿过一片树林，越过一条铁轨——BC省境内唯一的一条铁道线——就是海边。加拿大野鸭在草地上悠闲踱步，海鸥以及各种不知名的鸟飞来飞去或在草地上、树枝上觅食，游人不多，或休息观景，或烧烤野餐，各行其是，人和动物互不干扰，和谐共存。

让我开心的是见识到了钓蟹。上海人河蟹、海蟹都喜欢吃，一到温哥华就听到海边有蟹可钓，而且非常容易上钩，真是很想钓来大快朵颐，吃一顿白食。但后来一打听，还没那么简单：在加拿大钓蟹是需要申请许可证的（只要交少量的钱很快就可以搞定），但钓蟹有专门的蟹笼——那是个铁丝编成的家伙，由两个半圆构成，可以折叠合拢。找个大海鱼脑袋当诱饵，夹放在合拢的两个铁丝半圆中，用绳子牵着，投放到海里，过一会提一下看看，蟹会为了吃鱼头而钻进夹缝，你一提，蟹来不及逃脱，就被捉上来了。不过，你不要以为这就大功告成了，你还

伯内特公园草地上的加拿大野鸭

收笼啦

打开笼子看一看

尺寸大小很重要，一点也不能马虎

钓蟹指南：注意大小规定

得配备专用标尺，用来量蟹。不同品种的蟹允许捉回家的个头尺寸大小有严格的规定，只有大于标准的才能带走，不够标准的必须扔回海里放生。

我看到的是一位母亲带了两个孩子来吊蟹，投放了三个夹子同时操作，过一会儿就拉一下，几乎每次都能钓到蟹，只是多半是明显很小的，只得放生。有一次上来一个大的，孩子们很兴奋，戴上厚厚的棉手套，摁住大海蟹拿标尺量，量来量去，好像还是差一点。旁边又没什么管理人员，如果是中国人遇到这种情况，我敢说百分之百会"模糊"处理一下，收入囊中。但老外还真是认真，反复丈量之后，母亲断定尺寸还是有点不够，孩子有点失望，可仍然规规矩矩地把蟹抛回海里。还有一次，有只小蟹抓上来后，小男孩用脚一步一步慢慢把它踢回海里，可旁边的母亲马上喊住他："别伤害它！"见此情景，我多少有点感慨。加拿大人如此自觉遵纪守法、保护动物，其实这和从小的言传身教分不开。

环境塑造人啊！

所以，以我个人的青少年工作理念，我更有兴趣给那些年轻的家长或准家长进行家庭教育的培训和指导。其实，他们是很渴望获得相关的理念和资讯的。每次我到企业开相关的讲座，气氛总是很热烈。只有成人的心态和行为好了，我们的下一代才会有希望。"上梁不正下梁歪"，中国的老话是有道理的。

面具总是让人联想到躲藏、虚假、秘密，甚至
分裂。

面具

由于也投资股票，就对一些相关的热门财经、股评博客比较关注。

看那些博客的乐趣不仅仅是其讨论的投资之道，有时也看一些人性
的东西。

这是一个心理咨询师的职业病。

有个博客是我在几个月前发现的。最初发现的时候，博客已经有
很高的点击率了。博客上的照片显示博主曾经是位军人，但目前职业不
详。他的博文基本上是讲股票投资的，博客上也开了些家庭教育甚至诗
歌类的栏目，但几乎没什么文章。这个博客还有一个特色就是博主在自
己的博客上大力推荐他儿子的博客，他儿子上小学四年级，他鼓动看他
博客的人也去看他儿子的博客，以提高他儿子博客的点击率。

（我当时一闪念：这种做法也许可以提高他儿子写作文的积极性，
但会不会培养孩子的虚荣心呢？毕竟这多少有点弄虚作假。）

那时新浪正在搞博客有奖排名，标准是点击率，他本人好像已经得
金奖了。

我当时看他推荐的股票，发现他是个非常稳健的人，推荐的大多

是低市盈率、非常安全的股票，尽管涨得非常慢，但长线持有只会输时间，而不会输钱。他的博客人气确实很旺，有一批忠实的追随者，许多人利用博客的评论功能在上面留言讨论，气氛挺好的。

这样的情况持续了不到两个月，很奇怪的是，在一个半月前情况突然发生了变化。他的博客留言中出现了一些骂他的声音，说他推荐的股票涨得慢甚至有跌，他则不断反击。通过这些反击和留言，我大致了解了情况。原来在某个网上论坛他曾经是个重要人物，在那里结识了另一个重要人物，后来两人双双移师到新浪开博，双方的博客相互设了推荐链接。但不知为何，两人反目，开始相互攻击。对方说他是小人，最初点击率低就央求自己链接他，现在点击率上去了，又偷偷到其博客上匿名留言诋毁对方；而他说自己是无辜的，说对方才是小人，靠博客汇聚人气，再收费指导股民行营利之实，而自己无私为大家，甚至连QQ群都不开设，坚持一切公开在网上，光明磊落。

他开始删除对手在他博客上的骂人帖，同时删去了对方的博客链接。

这样闹了大约两三个星期，事件开始慢慢平息。他的拥趸中有不少人称赞他到底有军人本色，朴实、诚恳、无私，但另一些人开始离开，他们的评价是，两个人是半斤八两的一路货，他没有大将风度，他让他们失望了。

我原来很看好他，觉得他推荐的股票好像吻合他文字中的形象，很稳健、平实，但经过这一闹，我觉得他火性很重、睚眦必报，挺虚荣的，也就是个普通人。但我还是每天去看他的东西，我很好奇，想知道事情还会怎样发展。

另外，普通人也没什么不好的。我们大家都是普通人，差不多的。

此事过后大约两三周，他的博客风格突然改变，开始不断推荐个股。几乎每天一个，而且每推必涨，今天推荐，明天就涨。而以前他崇尚长线价值投资，很少推荐能快涨的股票，反复谈来谈去也就是那几只他认为有内在价值的安全型股票。

我很讶异于他风格的变化和荐股的精准，而他也洋洋自得，一有成绩就在博客上炫耀一番，甚至连一年前的战绩也拿出来显摆。

后来，我突然看到他博客上有人留言说，为什么他博客上的那张军人照片没有了。我倒是没有留意，被这一提醒确实发现原来的照片变成了一个空镜头画面。

再后来，我看到他在博客上发了一篇文章，说开始接受股民报名，每人收费3000元，他将指导他们个股操作。而且，那篇文章取消了评论功能，你只能读不能加评论。

我知道，这是防止别人骂他的手段。我见过许多博客，初级手段是删除别人的批评帖，高级点的则根本取消评论功能，让人不能发言。

仿佛川剧中的变脸，三个多月让你看到一个人的变化。我的猜测是：好一点的——他也抵不住诱惑，开始利用人气赚钱了；差一点的——他被股市庄家收买，成为一个"庄托"了，未来将专门哄散户为庄家"抬轿子"。

其实，赚钱也无可厚非，做股票就是为了赚钱，但他的手法和快速变脸实在让人不屑。换照片、停评论、刚攻击完别人自己却马上变脸收费，你目睹了整个变化过程当然很容易避开陷阱，但基于网民的流动性，今后上当的人一定不少。

总之，他的博文在投资方面已经没什么参考价值了，也许充当反向指标倒可以考虑。

不过，新浪是不会管的，新浪要的只有点击率。

想起多年以前看的一部电视连续剧，拍得非常好，名字忘记了，主演好像是王志文。他演一个解放后潜伏在大陆的特务分子，但被当地的一名普通的派出所干警怀疑，可惜一直没证据。这种怀疑与伪装从刚解放一直持续到改革开放时代，两个对手也从年轻人暗斗到白发苍苍的年龄。由于被监视得紧，特务一直没机会做坏事，所以，开始是伪装成好人，结果竟然一辈子就做了好人——表现得像个好人，除了怀疑他的警察，别人也都一直觉得他是个好人。

一个"坏人"被逼成了"好人"，很有趣的故事。

与佛教、基督教的宽厚相比，心理学显然称得上犀利。它常常毫不留情地举起分析的解剖刀，冷冰冰地直击事物的本质。

比如心理学中的角色理论。

角色理论认为每个人都在生活中演他的角色，有舞台，有脚本，有演员，有角色。这是个很生动的理论，但听起来像是在说，每个人都戴着面具生活。

有些人很喜欢自己的面具；有些人则很讨厌自己的面具。有些人戴着不舒服的面具迟早会摘下来，露出本来面目；有些人则没机会摘下来，死了旁人都不知道他的真面目。

不过，一个戴了一辈子的面具又会是什么呢？

戴着戴着会不会慢慢就真成了人格面具，成为自己的自然个性了呢？

面具总是让人联想到躲藏、虚假、秘密，甚至分裂。无论如何，从情感而言，这个理论多少让人觉得不太舒服。

其实，除了角色理论、人格面具理论，心理学中和面具相关或类似的理论还有不少，随便提几个，比如自我同一性，比如格式塔，比如自居和认同，比如……

术语不同，角度不同，但在我看来，聚焦的主题却是差不多的。

大家慢慢琢磨吧。

海里有桩，桩上有鸥

只有在这两个时刻，人们安安静静，各安其位，没有冲突。

一些关于生死的话题

（1）

昨天上午出席了廖锦芬（Fanny）的葬礼。

认识她差不多同认识香港突破机构一样早。1996年和香港突破机构在华东师大不期而遇，廖锦芬当时是突破机构的外事经理，陪同蔡医生一起来上海。但2003年她查出有癌症，因身体原因，我们见面的机会就非常少了。我们在2004年见过一面，此后一直没机会再见。我来温哥华后不久，听说了她在香港去世的消息。

她的家人都在温哥华，她2002年也入了加拿大籍。所以，她香港的同事前些天把她的骨灰带回温哥华落葬。

西式的葬礼仪式简单、安静，干干净净。她是基督徒，所以离世是"息劳归天，安息主怀"。大家尽管难过、沉重，但并不大悲失态。

尽管室外阴雨霏霏，但室内壁龛上她的彩色照片笑容灿烂。

她1983年放弃在廉政公署的高薪工作，转而攻读神学。1988年起为突破机构工作，从事青少年公益事业。为纪念她长达18年的同行经历，突破机构特别为她制作了名为《与爱同行》的纪念集。

大家一一上前，作最后的追思

Fanny的壁龛

壁葬的墓室

出席仪式的突破机构同事

这是土葬的地方，没竖墓碑，草坪凹槽的地方嵌有死者的纪念牌，从远处看就像一片草地。想起了"葬"字，就是"死在草间"的意思

　　我也拿到一册。看其中亲人、同事、朋友纪念她的文章，我对她有了更多的了解。

　　（2）

　　很久很久以前，一位从澳大利亚归国的朋友曾经给我描述过他看到过的一幅宣传画。

　　宣传画分上下两个部分：上面是一张医院产房的照片，一张张婴儿床排列整齐，刚出生的婴儿们安静地躺在里面；下面是一张墓地的照片，一个个墓碑排列整齐，逝者安静地躺在下面。底下的文字大意为：只有在这两个时刻，人们安安静静，各安其位，没有冲突。

　　我没看到过那幅宣传画，只是听他描述过。但画面生动，我仿佛看见。

　　而且印象深刻。

（3）

有个年轻人在体检时突然查出自己患了癌症，极为恐慌，而且很愤怒，怨恨命运的不公，同时拒绝治疗，谁劝都没用。家人只好找到一位资深的心理咨询师帮忙。

咨询师在他家里见到了那个年轻人，就问他："看上去你又悲伤又愤怒，这是为什么？"

"废话！"那个年轻人更怒，"难道你是外星人？！我这么年轻，为什么要让我死？不公平！"

"哦，是这样。"咨询师很平静，继续问，"但我很好奇，在此之前，难道你从来没想过死吗？"

"我这么年轻，为什么要想到死！"年轻人不解。

"难道你从来没想过，人生就像是一场永远都没有希望痊愈的绝症：当我们出生，就像开始生病，早早晚晚要死，只是有人早点、有人晚点而已。"

年轻人闻言，若有所悟。

"重要的不是死亡，而是在死前你做了些什么。"咨询师继续说。

（4）

对于临终关怀，一般而言可以有以下三个思路：

一是回顾一生，帮助当事人检讨、反省自己这一路走来的得失功过。重点是帮助当事人获得完满感，完成埃里克森（Erik H. Erikson）人生发展八阶段中最后阶段的任务。

二是满足未了心愿。即询问当事人的未了心愿，看看有没有可能的满足办法，在他生前将这些事有所了结或安排，尽量让他走得没有牵挂。

三是宗教抚慰。大多数宗教都认为死亡不是灵魂的终结，而是新旅程的开始。所以，问题就转为如何能尽量拥有或开始一个好的、令人满意的新旅程。当然，如果你没有宗教信仰，这第三类关怀就没有作用。

不过，有许多人在临终前选择了开始宗教信仰。

（5）

美国弗吉尼亚理工大学在为32位被赵承熙枪杀的死者开追悼会时，布什总统和夫人亲自出席。同时，韩国国内民众也发起为死难者悼念的活动。

这是现在的事，而下面的这件事则是在十几年前发生的。

1991年11月1日，中国留学生卢刚在美国爱荷华大学射杀同学、教授等6人，事件震惊世界。

副校长安·柯莱瑞是死者之一，她在爱荷华大学很有声望。她父亲曾到中国传教，她出生在上海，也因此对中国人怀有特殊的感情。终身未婚的她对中国留学生就像对自己的孩子一样，无微不至地关怀他们。每年的感恩节和圣诞节总是邀请中国学生到她家中做客。

1991年11月4日，爱荷华大学的28000名师生停课一天，为安·柯莱瑞举行了葬礼。安·柯莱瑞的好友德沃·保罗神父在对她的一生回顾、追思时说："假若今天是我们的愤怒和仇恨笼罩的日子，安·柯莱瑞将是第一个责备我们的人。"

同日，安·柯莱瑞的三位兄弟举办了记者招待会，他们以她的名义捐出一笔资金，宣布成立安·柯莱瑞博士国际学生心理学奖学金基金会，用以促进外国学生的心理健康，减少人类悲剧的发生。同时，还宣读了一封致卢刚家人的信。信的内容如下：

致卢刚的家人：

我们经历了突发的剧痛，我们在姐姐一生中最光辉的时候失去了她。我们深以姐姐为荣，她有很强大的影响力，受到每一个接触她的人——她的家庭、邻居、遍及各国学术界的同事、学生和亲属——的尊敬和热爱。我们一家从很远的地方来到这里，不但和姐姐的许多朋友一同承担悲痛，也一起分享姐姐在世时所留下的美好回忆。

当我们在悲伤和回忆中相聚在一起的时候，也想到了你们一家人，并为你们祈祷。因为这个周末你们肯定是十分悲痛和震惊的。

安最相信爱和宽恕。我们在你们悲痛时写这封信，为的是要分担你们的悲伤，也盼你们和我们一起祈祷彼此相爱。在这痛苦的时候，安是会希望我们大家的心都充满同情、宽容和爱的。我们知道，在此时比我们更感悲痛的只有你们一家。请你们理解，我们愿和你们共同承受这悲伤。这样，我们就能一起从中得到安慰和支持。安也是这样希望的。

诚挚的安·柯莱瑞博士的兄弟们

弗兰克·柯莱瑞／麦克·柯莱瑞／保罗·柯莱瑞

这样的胸怀，让人肃然起敬！

（补记：在我完成上文后，从网上看到2007年4月27日的《中国青年报》有关于弗吉尼亚理工大学校园枪击案的相关报道，其中个体、社群、媒体体现出的积极的理念、态度和价值观值得我们反思和学习，有兴趣的读者可以找来看看。）

即使是今天，专业督导的力量仍然有限，所以你还是需要更多靠自己的力量尽快成长。

几处错误（上）

比起二十年前我学习心理咨询的过程，如今的学生确实很幸运，无论师资、资讯和培训机会都比以前多出太多。比如督导，如果你诚心或愿意付出精力和费用的话，还是能找到一些出色的督导的，而在我学习咨询的时候，若想让自己成长得更快，可以选择的方式只有同伴督导和"自我督导"。

所谓"同伴督导"是指同行之间的相互督导，而所谓"自我督导"是指你记录下个案的情况及咨询过程，仔细对之提问、检讨，并逐步寻找答案。就我个人的经历而言，最初阶段时"自我督导"可能更有用些。

即使身在温哥华，我还是会收到一些国内学生发来的个案，希望得到督导。今天，我尝试将一个个案写在这里成为一个督导案例——当然个案的背景细节被彻底地加工处理过了，只留下具有督导意义的关键点——你需要做的是，把自己放在督导的位置，问自己这样的问题：如果我接到这样的督导个案，我将会给被督导者怎样的回应？

或者简化问题如下：从以下个案中，你会发现几处错误？

之所以如此，我只是想示范一下初学咨询者在没有专业督导资源的情况下，如何自我成长。即使是今天，专业督导的力量仍然有限，所以你还是需要更多靠自己的力量尽快成长。比如，写下自己的个案，然后跳出来（也许可以结案后过一段时间再做），站在平行的观察者或更高位置的督导者的角度反省自己的个案咨询过程。

经常这样做，我相信你会进步得更快。

下面我们就来看这个个案，这是一个初学者做的个案报告（原始报告很长，我简写了概要，其中用引号的是个案报告的原话）。

当事人是大三女生，是咨询师的好友介绍来的，她和咨询师认识但不熟悉。她来自三口之家，父母是私营业主。高中时被诊断过患有双相情感阻碍，有服药史，后好转。最近情绪持续低落，做事不够专注，不自信，在意他人的看法，有时候会呼吸急促，睡眠质量不高，记忆力下降，对他人漠然，有时会暴饮暴食。

至今共进行了三次咨询。

第一次咨询时当事人哭着说自己实在受不了了才过来的，希望通过咨询让自己变得开心些。咨询师担心她会有危机，所以进行了初步的危机评估，当事人说不会自杀，因为放不下父母。咨询师发现她"缺乏心理支持系统，遇事总是靠自己一个人的力量支撑"。至于心理状况恶劣的原因，当事人认为是初中到高中的转折给她的冲击很大，以前一帆风顺，这时却突然遭到很大的打击，跌入谷底，于是自己从自信的人变成很自卑的人。具体为了何事，当事人没有说出来，咨询师想，可能是信任关系还没有建立好，也就没问，期待下次她会自动讲出来。

在第一次咨询后，咨询师发现当事人的叙事中有一些不合理的认知，于是开始思考自己在下次咨询时是用认知疗法改变她的不合理认知，还是用当事人中心疗法，只是陪着她走一段路。

第二次咨询中当事人讲述了自己家庭的情况：在高中前，她很优秀，在学校受到很多人的关爱，但高中后，周围优秀的同学太多，她受到的关爱减少，她希望可以在家获得一些补偿，然而这时才发现，父母之间的矛盾已经到了难以调和的地步，但她还一直企盼他们可以和好。父亲赌博并有外遇，影响了家境并使父母常吵架、闹离婚。

她转而寻求亲戚中一位长者的关心，但后来这个亲戚突然去世；于是她精神状况变得恶劣，只得去看精神科医生，医生只给她开药，她觉得他并不真关心她。她此后还和一个家境贫困的同学谈恋爱，她知道父母不会接受他，但她需要有人依靠。"不过，他们现在已经分手，尽管还藕断丝连。"

咨询师判断当事人已经开始信任自己，所以才讲出自己的秘密。"一连串的重大事件，使得来访者处于抑郁状态。而她最渴望的是一份关心与爱护，虽然父母都很爱她，但她在家中却感觉不到。"此外的原因就是她的自卑心理，咨询师准备以自卑问题为核心来处理，但不确定是以治疗介入还是继续人本？若治疗介入，又该用什么方法呢？另外咨询师也疑惑是不是要制订一个咨询计划，这个计划是自己制订呢，还是和当事人一起讨论决定？

第三次咨询时咨询师开始和当事人探讨她在一系列生活事件中的不合理理念。咨询师持有某种宗教信仰，他也知道当事人对此宗教很感兴趣。他觉得可以利用该宗教中的某些理念帮助当事人，并开始分享自己的生命成长故事。"我开始讲我自己的生命故事，希望她可以有所领悟，但当事人直接反击说'那是别人的事，我是最不幸的。别人的死活与我无关'。"

咨询师被意外打击，内心焦躁，于是开始控制不住面质当事人，甚至用了相关的教义来教训当事人。等教训完了，咨询师给她五分钟的时间，让她安静一下，然后作了简单的总结并约定了下次咨询时间就结束了此次咨询。

　　一刻钟后，咨询师收到当事人的手机短信，内容是：今天，你真"讨厌"。

　　咨询师感觉当事人可能有移情，也感觉自己对这个个案没有把握。他想转介他人，但由于是熟人介绍，他原先是免费咨询，所以担心介绍当事人到收费机构咨询，当事人会负担不起，因此很是矛盾。

　　好了。轮到你出场了。请你评价一下这个咨询过程。当然，其中有做得好的地方，比如进行危机评估等。但这次我们暂时做个挑剔者，你觉得有哪些地方值得探讨、需要改进，甚至是非常错误的呢？

　　接下来，我会谈谈我的看法。

变幻的晚霞

做个案的数量固然很重要，但质量其实更重要。

几处错误（下）

我的个人督导意见如下（不好意思，略去了肯定意见。要记得，完整的督导当然包括肯定意见，只是这篇文章的本意是用挑剔的眼光来寻找咨询过程中的错误）。

1. 诊断、经验与边界。对于一个初学者，一上来就接双相情感障碍的患者（即使是以前的病史），不是完全不可以，但要认真掂量一下自己的实力，不要过于"初生牛犊不怕虎"。这是为了当事人好，也是为了咨询师自己好。

2. 流派。用什么流派继续？认知还是人本？问这个问题的前提是真的熟悉这两个流派的操作理念和方法。但真是这样吗？我发现对于很多咨询师来说，真相是既未真正掌握认知疗法，也未真正掌握当事人中心疗法，以为认知就是讲道理，人本就是随他去，所以才有此一问。条条大路通罗马，什么经典的疗法是不可以用的？！或者咨询师是持折中主义的思路，那就根据当事人的情况判断如何折中使用相关的技术。另外，这个问题还显示了咨询师诊疗模式的思路：问完症状，再考虑用什么方法。我个人的意见是，无论认知还是人本，从咨询一开头就开始了。如果咨询师接受的是心理学的训练，这个问题不应该在第一次咨询后问，而是在开始咨询前就问自己！

3. 追问。"具体为了何事，当事人没有说出来，咨询师想，可能是信任关系还没有建立好，也就没问，期待下次她会自动讲出来。"这不是绝对的，重要的是临场的经验和判断。有时追问本身就可以看作对信任关系的一个小小的测试。也许她一问之下就说了呢？也许她正期待咨询师的追问呢？中国人很含蓄、害羞，咨询师不问，她不好意思主动说，憋着更难受，下次都懒得说了。或者有可能很失望于咨询师的不问，咨询师不问也许会被看成是没兴趣问，对她的事缺乏真正的关注和理解。我提示这一点并不是说这就是本案例的错处，因为我没有看过实际的咨询过程录像，无法判断当时的状况是否真适合追问，但以我个人的偏好，我通常会很自然地追问一下。这不也表达我对当事人的真诚关注吗？咨询师确实想知道她的情况呀！如果咨询师是诚恳的，这只会增进信任关系，而不会破坏关系。但同时必须记住另一条：如果当事人不予回应，也就是表明她暂时不想说，咨询师就不要勉强问。若勉强问了，追问就成了逼问，关系就受损了。如果经验和技能过关的话，咨询师会记得咨询中的这一个环节，等下一次更适宜追问的机会来了，将问题依然问出来。

4. 支持系统。咨询师评价说当事人什么事情都自己扛，缺乏心理支持系统，但我从案例的叙述中看到的是另一面：当事人还是很积极寻求心理支持的，比如家人、亲戚、男友、心理咨询师等，甚至如今仍然和前男友"藕断丝连"，那个人为什么不是心理支持系统的一部分呢？

5. 咨询计划。我觉得咨询师混淆了一个基本的概念。咨询中的一种计划是指对咨询进程进行结构化的安排，咨询师大致考虑准备做几次让咨询告一段落，比如若准备做6～8次的话，咨询师准备如何安排进程？试着做个计划。有了计划，咨询师和当事人都不会太慌张和茫然。

另一种计划是指在咨询进程后期需要推动当事人行动时拟定的行为作业和方案，这在认知行为疗法中尤为重要。前一种计划不需要和当事人一起制订（但可以征得当事人的认同），而后一种计划必须和当事人一起商量制订，甚至以当事人为主制订，因为只有当事人真正参与和投入，这个计划才会是被执行的计划。

6. 叙事。"她最渴望的是一份关心与爱护，虽然父母都很爱她，但她在家中却感觉不到。"这是一句很有意思的陈述。由于是来自咨询师本人的个案记录，那应该是咨询师的判断。但咨询师作这样的判断要很小心：咨询师觉得当事人感受不到家人的爱，真是这样吗？咨询师的重点是说其家人爱的方式有问题，还是当事人的感受有问题？咨询师会有如何的同感，又会有如何的评判？无论是对其家人还是对当事人，这个评判都有负面的意味，这种负面的意味会不会对咨询师的同感产生阻碍？甚至得到这样的结论会不会只是咨询师的投射或偏见？咨询师能真正理解当事人或者她的家人吗？总之，这句描述有点含糊其词，咨询师应当仔细反思这个叙事背后的确切心理含义。在这里举这个例子是示范一下，如何从案例记录的文本出发，仔细检讨自己咨询时可能存在的问题。

7. 自我披露。我一直以为咨询师自我披露、分享自己的经历是极具冲击力的咨询手段，但要切记咨询师的故事和当事人的故事要有内在的共同点，而且这种共同点不是咨询师以为有就可以了，需要当事人也充分意识到。否则，你是你，当事人是当事人，分享就会是失效的、无用的，甚至是有害的——这只能说明咨询师根本不理解当事人。所以，有效的分享一定是以准确和充分的同感为前提的，要让当事人充分感受到你是理解她的，而你的分享是出于你对她的信任——不信任为什么要讲自己的生命故事呢——而讲述了一个很有针对性和启发性的故事。好的自我披露应该是能够引发当事人心灵共振的。

平凡，但很美

8. 自卑。自卑当然是很多心理问题的根源，所以，发现自卑是问题的症结或症结之一没什么稀奇的。问题是发现后你怎么做。其实，问题最终还是回到咨询师对咨询和治疗的理论和技术的把握上。认知有认知的做法，人本有人本的做法，精神分析有精神分析的做法，只是咨询师不能简单地告诉当事人：你的问题是自卑造成的，所以你不要自卑，你要自信点。如果咨询师说出这样的话来，强烈建议咨询师停止咨询，回去好好学学再干。

9. 反移情。咨询师如此容易因被击中而失控（开始教训人），这样的反应实在比较"初级"。建议有机会先处理一下咨询师自己的内在情结。

10. 宗教信仰。按国外的伦理，宗教信仰不是不可以直接进入咨询，但必须事先就向当事人说明，告诉对方自己是何种信仰背景的咨询师，并将会在咨询中运用相关信仰。否则，即使你持有某种信仰，也不可以在咨询中实施信仰灌输和训导。所以，咨询师在未事先告知的情况下于咨询时强势使用自己的信仰背景是有违咨询伦理的，也不是一种恰当的技术手段。

11. 移情。当事人移情很正常，咨询师必须具备一定的移情处理能力。以我的经验，在仅仅咨询三次后就发生如此移情，往往与咨询师在咨询中不能很好控制咨询关系和边界有关。你要明白，咨询师对当事人的关注是一种更具专业色彩的关注——尽管其中也应当饱含人性——而不同于当事人的家人、恋人或教友的关注。

12. 转介。在转介问题上，咨询师又一次显示出他对咨询基本概念的认识是模糊的。咨询费用可多可少，但收费是理所当然的，没什么不好意思的。收费是一种专业服务的标志，也是咨询师和当事人的角色、边界的设定。收费在精神分析疗法中甚至具有更深刻的分析价值和意味。咨询师在这一点上的模糊认识也可以帮助我理解为什么他在咨询关系构建上失败。如果我没猜错的话，他在咨询中已经形成了复杂的多重关系，比如熟人、咨询师和当事人、教友、朋友等关系。据说，精神分析师是不接待熟人介绍来的个案的，因为这种关系对分析进程会有微妙的负面影响。但中国的国情现状让熟人介绍变得很普遍，对于这种个案，咨询师尤其要小心，要有足够的敏感，避免这种关系对咨询进程产生负面影响。

以上是我个人的督导意见。这些仅仅是就被督导者提交的简单书面资料而给出的反馈，不一定都有道理、都正确，很可能有遗漏和错误的地方。写出来只是供大家讨论参考而已。如果你能经常对自己的案例做这样的剖析，你的进步一定会更快。即使某个个案结束后，当事人给了你正面的反馈，你仍然要努力去发现真正值得肯定的地方在哪里，又有哪些地方值得反省和改进。

做个案的数量固然很重要，但质量其实更重要。每个个案都不要白做。

对中国人来说，花时间、金钱和精力去见一个心理咨询师是一件挺大甚至挺不容易的事，我们必须好好地检讨自己：有没有真正尊重我们的当事人？

或者只是想自己练练兵，赚点钱，满足自己的成就感、控制欲或是某种情结……

心理咨询是一个人的心灵影响另一个人的心灵的过程，人性的力量远超过技术。

人性的门缝

（这篇文稿是我为徐钧先生的新书《心理咨询师的部落传说》写的序。）

在给那些成人学生进行心理咨询师培训的时候，我常常半开玩笑地对他们说："学习成为一名心理咨询师，你们要谦虚、谨慎，因为你们的工作关乎一个人的发展道路，甚至生死存亡；但同时，你们也不要妄自菲薄。我知道你们中的大多数人都不是心理学专业背景出身，一些人是因为对心理学或心理咨询有兴趣而来学习的，另一些人觉得自己有帮助人的意愿和潜力，还有一些人是为了处理自己的心理问题而来学习的。不过，如果你们有兴趣去仔细看一下那些心理治疗大师的生平或传记，你将很开心地发现，有非常多的大师原先也不是学心理学或心理咨询的，同时也有非常多的大师自己是有心理疾病的，比如弗洛伊德、荣格、阿德勒、森田正马等，但是他们最终成为了大师。这是为什么？一方面也许非科班出身比那些一开始就学习心理学和心理咨询的人少了思路和方法上的枷锁，多元的背景反而让他们更有创意；而另一方面，自己曾经有病，但最终却战胜了心理疾病，他就比其他人更能体会和了解患者的痛苦和解脱的法门。这样，即使成不了大师，也至少是个高手！"

杰拉尔德·科里的《心理咨询与心理治疗的理论与实践》是我最常用的教学教材之一，我很喜欢这本书。我看过台湾翻译的这本书的第五版、英文的第六版和大陆翻译的第七版。版本的多少在一定程度上能够反映一本教材的高下，在海外，教材越受欢迎往往版本就越多。杰拉尔德·科里在心理咨询和治疗领域理论水平很高，实践经验也非常丰富，更难得的是他是个十分严谨、认真的学者。这从他对于这本书每一版的修订就可以看出来，比如根据现代心理咨询理论的发展，他的第七版比以前的版本增加了女权主义疗法和后现代疗法，甚至他还不断修改每个疗法开篇的创始人小传。比如在第五版中，格式塔疗法的创始人他就写了弗瑞茨·培尔斯，但在第七版中，他添加了培尔斯的夫人劳拉作为格式塔疗法的另一重要创始人，为此重写了创始人的小传，尽管这小传看上去只是千把字的开胃菜，但杰拉尔德·科里依然写得一丝不苟。

我很喜欢看这些小传。对于我而言，那些大师鲜活曲折的人生历程要比他们的理论有趣得多。看着这些小传，我就在那里想象他们是如何一步一步成为大师的，甚至去找他们更详细的正式的传记来看，如果找得到的话。

要理解他们的理论，不结合他们的生平、背景往往会流于浮浅表面，甚至不得要领。比如当事人中心疗法的创始人卡尔·罗杰斯，为什么他会在心理治疗中发起了人本主义运动，是与他出生在一个"亲密、温暖又有非常严格宗教教条"的家庭有关。这种家庭背景和基督教思想的熏陶，才会令他后来提出对当事人的"非指导性原则"和"无条件接纳"。

所以，就这个意义而言，心理咨询无论是理论还是实践，都是一个心理咨询师个人创造的过程，是有个性的。

　　徐钧的这本小书为我们开启了管窥心理咨询和治疗发展历史上大师们人性的一道门缝，无论这些人性是光彩熠熠的，还是如常人般也是有阴影的，它们都是鲜活的、生动的，让人可以深思和反省的。心理咨询是一个人的心灵影响另一个人的心灵的过程，人性的力量远超过技术。

　　我说这本书只是一道门缝，是因为我个人觉得作者介绍的那些大师的故事看着实在是不过瘾，但好歹它为我们推开了一条缝。你若想了解全貌，就得推门、探头进去张望一番，甚至干脆登堂入室看个仔细。徐钧体贴地在每个大师故事的后面注明了你要窥得全豹的途径。

　　唯一可惜的是，他的那些推荐书目大多是台湾版的，一般人不容易得到。不过，在资讯发达和大陆心理学蓬勃发展的今天，其中的那些书会越来越多地出现大陆自己的版本。

　　其实与徐钧交往不太多，难得如此荣幸受邀为他的书写序。很早就知道他在西祠胡同的"心理研究所"任版主，把个"研究所"搞得热火朝天，而且粉丝众多。在闻名许多年之后，才得以见面。那年在苏州召开的第一届华人心理学家大会上，我们有缘照面。认识后的第三天就和他一起到苏州西园拜访佛学院的院长济群法师。徐钧是佛学院的特约讲师，在那里教授心理学和心理咨询课程。那个下午，几个人在幽静的禅房品茶听禅，兴味盎然而又心平气和。

　　徐钧是学人类学出身的，对佛学也很有涉猎和践悟，更对心理学好学无比，看的心理学和心理咨询方面的书比我们一般人都多——你只要看看那些推荐书目就知道了。又博学又有丰富的实践，所以他写的那些故事你得认真看一看。如果你买了这本书，我推荐大家一个有趣的读法：作者写了这么多人的故事，但每个人也就选取了两三事而已。为什么他会选择这两三事？有没有一些反复出现的主题？背后有什么情结作祟？你若有能力、有兴趣，不妨捕捉之、分析之。

　　强烈建议徐钧在网上搞个有奖问答什么的，看看大家会得到些怎样的答案，这也算促销之手段吧。

衷心希望这书销得好，那就意味着有更多人有机会到心理咨询大师的名人堂参观。看一看，想一想，一定会有收获的。

天主教堂的忏悔室，
门里的秘密知多少

戈登·惠勒的回答体现了格式塔疗法的一些精髓：其一，对语言运用的敏感和精准；其二，更重要的是"此时此地"（Here and Now）的原则——当下和当事人在一起，感同身受！

一起呼吸

美国心理协会（APA）出版了一系列心理咨询的音像资料，国内很少能看到，但在加拿大相关的资料比较多。有空时，我就会到图书馆去看。比如有个心理咨询各流派示范的系列录像带，请各流派的专家一一示范真实的个案，并由同样是心理学家的特邀主持人对其进行访谈，了解咨询师是如何理解自己所属流派的理念和方法的。看完整个咨询过程，还会访谈咨询师本人，问他在咨询中的各个关键环节和细节之处是如何考虑的，最后还由咨询师发表一下总结和感言。

我第一选择看的当然是我喜欢的格式塔疗法。咨询师是戈登·惠勒（Gordon Wheeler）博士。有一个咨询细节让我印象深刻。

当事人讲了一些让她觉得痛苦的事，咨询师这时对她说："让我们一起做一下深呼吸。"然后示意当事人和他一起做深呼吸。

咨询结束后由特邀主持乔恩·卡尔森（Jon Carlson）博士对他进行访谈。卡尔森博士就问戈登·惠勒："刚才你为什么要让当事人做深呼吸呢？"

他很平静地回答："在那一刻，我自己都感到胸口压抑，我想当事

温哥华美术馆

人应该也一样。所以我邀请当事人说'让我们一起来作一下深呼吸'。你注意到没有？我说的是'我们'，而不是'你'……"

好棒！

戈登·惠勒的回答体现了格式塔疗法的一些精髓：其一，对语言运用的敏感和精准；其二，更重要的是"此时此地"（Here and Now）的原则——当下和当事人在一起，感同身受！

好一个"一起呼吸"！

外在的环境是高速的，内在的心能慢下来吗？

走走停停

那天去海上玩皮划艇，五个人去的，租了三条艇，其他四人两人一组划双人艇，我一个人划单人的。

其中一个是老外，体能好，爱锻炼，他的艇直冲在前，还不时催促我跟上。其实，我一个人划本来就比他们累，而且我只是想体验一下海上划艇的滋味，加上四周景色又那么好，我才不想走得很快呢。

关于爬山，有一句谚语说"爬山不看景，看景不爬山"。不过，我觉得那是站在征服者的角度讲的：我来的目的是登顶，而且要在最短的时间内完成任务。攀登者要的是成就感。如果重点在于欣赏风景，也许就应该是全然不同的玩法。我去四姑娘山的时候，看那些摄影爱好者为了等四座雪峰一起显现或好的光线出现，架着相机一等就是一天甚至几天。

在温哥华的生活是慢节奏的，我不知道回上海会不会适应不良。好容易学会享受慢节奏的生活了，现在却要回到从前。外在的环境是高速的，内在的心能慢下来吗？不管如何，还是要提醒自己注意看景。

今天收到一个从前来访者的电邮。她读中学时就在我这里咨询（同

爱斯基摩皮艇

驱车一个多小时，只为找个
好地方看落日

夕阳如火

时在徐俊冕教授那里开药服用）。我看着她磕磕绊绊一路上高中、大
学。最早是连续咨询，后来也有通过电话、信函和电邮进行咨询（因为
她家在外地，不方便一直来上海），她的心态越来越好，咨询的间隔时
间越来越长——我特意看了一下记录，上次来见我是差不多快两年前的
事了。

她的邮件内容大抵如下：

"叶老师：见信好。今天无意在华东师范大学的网页上看见《叶落
有声》的连载。一口气把文章看了一遍，感受到了您在他乡的生活并且
能够看到您对一些事情的见解和看法，挺开心的……昨天去了上海的医
院，已经大半年没有去看病，也很久没有去上海了。虽然来去匆匆，却
还是忙里偷闲地在南京路附近转了转。因为自己本身就不把这样的进医
院当成是就诊。几年下来，自己已经俨然以一个过来人的面貌去面对此
事了。当然我自己过分的大意未必是一件好事，但是总是抱着积极的心
态去迎接烦恼和快乐，让我自己也开心了不少。

"这几天的抑郁又有点使我烦恼，在家休息了一阵子，可该面对的
学业还是要去完成，所以准备在调整好自己之后继续上路。走走停停，
对于以前的我来说可能会无法接受自己这样不连贯的生活轨迹，但是现
在已经习惯了，能让我定期地想想自己的得失和未来的打算，也不是一
件太坏的事情吧。

"很感谢这一路上叶老师的鼓励和陪伴，现在回想起来，并不是说
那时候的叶老师给我指明了多么清晰的道路，但您让我学会了新的思维
方式。当其他人不停地往一个方向前进的时候，我也能从另一个道路和
方向找寻到自己的未来和理想。不管是坦途还是荆棘，对于现在的我而
言都没有太大的区别，重要的是我明白了怎么去走，那比许多的鲜花和
掌声来得更有意义。

　　"身体和心智一直在成长中，也谢谢老师这么久以来的聆听和见证。昨天得到徐俊冕教授对我恢复的肯定时，我依然像小时候得到褒奖时那样开心。曾经在学业和处事上得到别人的肯定时，会有一种满意和自得，现在则因为能耐住寂寞接纳疾病而被肯定，我觉得自己同样也像一个凯旋的战士。一路走来，还是很完美和美好的。我很享受现在的状态。"

　　读她信的时候，并不觉得她是我的来访者。她说的那些话，对于我同样是很好、很有用的提示。

　　走走停停。我欣赏这样的说法和活法。

人心、人性的复杂性导致心理咨询和治疗的理论和方法的复杂性。

"双盲"咨询

在加拿大给一群SFU的中国留学生开了一次心理讲座，内容涉及一些心理治疗大师对于快乐和烦恼的看法。讲座结束后，有个以前学医的朋友提问说：西医讲精确性，明确诊断，明确用药，所谓"对症下药"，医生受一样的训练，手法也差不多。但心理治疗似乎很不确定，不同的治疗师学不同的流派，用不同的方法，当事人岂不是很危险，他事先无法确知遇到何种学派的治疗师，也不知道自己会被如何处理以及处理效果如何。

我觉得他问得很好，这是个问题。我个人的理解是：人心、人性的复杂性导致心理咨询和治疗的理论和方法的复杂性。

我一直想象人是个球，人心是最里面的核心。咨询和治疗就是一个接触和打动人心的过程，但如何从看似坚硬的表面入手，各派有各自的看法、手法和诀窍，或者不同的当事人有不同的相对容易进入的通道可以被利用。手法可以不同，但触碰人心的主旨不变，所以，最终曲径通幽，殊途同归，只要你能抵达核心就对了，路径不同也没关系。西医则重症状，在外表上下工夫，所以是哪一点就是那一点，外在的点很多，找错了点就治不好病。

各种心理治疗理论和方法试图在不同的维度和层面下工夫，例如从表层到深层（比如行为疗法、认知疗法、精神分析等），从个体到系统（当事人中心疗法、家庭系统疗法等），从形而下到形而上（药物治疗、躯体疗法、超心理学、宗教背景的心理治疗、身心灵整合治疗等），从从前到现在（精神分析、现实疗法、问题解决导向的疗法、意义疗法）。我曾经从自己的咨询实践中感觉到对当事人的情绪、情感处理很重要，尤其对于情绪、情感表达含蓄、压抑的中国人来说，但很快发现，情绪、情感导向的心理疗法已经被人先提出了，而且成为这些年心理治疗理论重点发展的新方向之一。

所以，如今要原创一种什么疗法已经很困难了，真的要很有创意才行。你可以有自己的模式和特点，但就维度和层面而言，已经被发掘得差不多了。

"双盲"咨询当然不是正式的叫法，那是我乱起的绰号，虽然我自认为很形象。

当我第一次看到这样的治疗方法，尽管很快领悟到它的基本思想，但我仍然吃了一惊。以前我接触过的所有咨询和治疗都讲究对当事人的察言观色，只有足够的细腻、敏感，洞察一切，才能对当事人的真实内心有精准的了解和把握，也正是通过这样的面对面，才能更好地对当事人产生影响。

也因此，面对面的咨询才是最正规的咨询，而电话、信函等咨询方式只是不得已时的辅助和补充。

"双盲"咨询却主动放弃和当事人的视觉接触：咨询师和当事人坐在两张并排着的舒适的单人沙发上，从一开始咨询师就要求当事人闭上眼睛，同时自己也闭上眼睛，然后进入咨询，直到结束咨询，双方才睁开眼睛。

咨询往往从当事人的一个重要的事件开始，然后咨询师要求当事人进入情境图像，或和情境中的相关人物对话，或体验那一刻的感受——有点像格式塔的技术，但是闭着眼通过想象进行的。

整体而言，每次咨询经历四个过程：引导当事人进入并置身于一个带有强烈情绪的情境中，并令当事人对此情绪的感受尽量更深入；让当事人在这样的情境中产生好的感受；让当事人在这样的情境中自主地表现；让当事人成为他所愿意成为的那样的新人，同时带着好的感受，而不是最初时的坏感受。

在整个过程中，咨询师是很好的带领者、促进者、鼓励者或者示范者。咨询的效果取决于咨询师对当事人的同感。尽管咨询师是闭着眼的，但他在当事人的叙述中感同身受，眼前仿佛也出现同样的画面，有和当事人一样的心情感受，与当事人同悲、同喜、同怒、同惧。在一次演示中，作示范的艾利·马雷尔（Alvin R. Mahrer）博士说自己的演示不是太成功，因为他只感受到当事人的状态的20%～30%，而状态好的时候，可以达到90%、95%，甚至100%。

他很诚实，我看那段示范时也有同样的感觉。当事人多少有点防御，这对咨询师的同感有很大的挑战。

在这样的咨询方法中，说同感好像确实力度不够了，"神入"似乎是更名副其实的翻译。

对我最大的冲击是：看到是重要的吗？

这是一个把倾听——狭义上的倾听——发挥到极致的咨询技术。

不过，看上去是用耳在听——仅仅用耳，连眼睛也闭了起来——但事实上却更用心！

你不万分用心，你根本无法在这样的状况下完成咨询！

这是一种情绪导向的咨询和治疗方法（emotional focus therapy），它正式的名称叫经验疗法（experiential psychotherapy）。我不知道有没有更好的翻译方法。

在国内的文献中好像相关介绍不多，至少孤陋寡闻的我之前没有发现。

五月，飞机上拍摄的落基山脉，山顶的雪终年不化

附录：寻找你的咨询师

你现在读到的这篇文字是一家心理杂志约写的专栏稿，那个专栏专门邀请一些心理咨询师简单介绍一下自己以及自己在心理咨询道路上的成长故事和对心理咨询的看法。我把它收在本书的最后附录部分。这些背景资料也许能有助于读者更好地了解和理解我的那些文字。另外，也算留个联系方式，欢迎有兴趣的读者和我交流和探讨。

1. 您是怎么干上心理咨询这一行的？

首先是选择了学习心理学。我读心理学是在1987年，那时社会上有一批翻译自国外的心理学书、哲学书问世。在高中时读到这些著作就很冲动地想读心理学，尽管那时大学心理学系的考分很高，同时又很冷门——没人知道读完四年心理学本科出来你会做什么。

四年本科差不多读完的时候，我心仪的方向有两个：一个是心理咨询，另一个是广告创意和企划。本想接下来能有机会多到社会上实践和体验一下，看看究竟哪一行更能吸引自己，但学校要筹建心理咨询中心，考虑到我在读本科时就有帮助上海团市委心理咨询机构工作的经验，劝我留校工作。想想在大学工作也不错，结果就干上了这一行，而且至今一干就近20年。

2. 您是从哪一年开始从事心理咨询工作的？

正式作为职业是1991年，如果算上之前在上海团市委青少年心理咨询中心的工作经历，也可以算到1989年。而那时，心理咨询在上海乃至全中国都是鲜为人知的工作。

所以，经历过这个行业由冷转热的整个过程，也是一件让人自豪和感慨的事。

3. 说说您做得最成功的案例。

在这一行最成功的案例自然而然要算自杀危机干预了。俗话说"救人一命，胜造七级浮屠"，成功救命自然让人印象深刻。

有一个上海的女孩因情感问题到北京找情人理论未果而自杀，在吃了安眠药、割了脉之后打电话向我告别，而其实我和她只见过一面——当时她向我了解心理咨询前景，说也要学心理咨询。从潜意识的角度看，这个电话反映的是当事人的求生意愿，但考验我的是如何在最短时间打动她，以便得到她的住址，好让人赶去救她。好在最终我做到了。等北京自杀危机干预热线的人赶到时，她已经昏迷在床了。在此后几周内我和北京的社工朋友合作，对她进行了一系列的危机干预工作，期间她再度想自杀，但最终被成功干预。然后，她被安排送回上海，回上海后我又继续进行干预，直到她情绪稳定，重新振作并开始新的工作。

这个危机干预个案处理的过程中有太多专业技术环节需要细致、精准地处理，一着不慎，就有可能满盘皆输。我经常和学心理咨询的学生说，如果当时可以把这个个案处理的全过程都拍成录像，真是一个非常难得的危机干预经典案例教材。

4. 说说在咨询中您最难忘的一件事。

其实，上面的这个个案就是很难忘的。

此外，还有一次，在我从事心理咨询工作的早期阶段，有个当事人试图用自杀来控制我以满足她的愿望。她发信息到我的寻呼机，说如果我不在10分钟内给她回电，她就跳楼自杀。

这给我很大的压力。当时需要我快速思考对策，决定是进是退。

最终我还是想了个办法妥善处理了这事，令当事人的心理操纵没有得逞。至于我当时用的是怎样的办法，我在这里就卖个关子，作为专业技术的秘密保密一下，不向大家交代了。

5. 谈谈您现在对心理咨询的感悟。

心理咨询是人心和人性的互动，而人是最难以捉摸的。

心理咨询师的智能、状态、专业素养、自我洞察和职业伦理都是很重要的，否则，就会伤害到当事人或者咨询师自己。

心理咨询这碗饭并不是像有些人想象的那样容易吃。

6. 一个咨询师的生活是怎样的？跟一般人会有多大的不同？会更懂人的心吗？

咨询师也是人，基本的生活应该和常人没有什么两样，喜怒哀乐也都会有。大多数咨询师并不能做到平静、淡泊若圣人那般。国外的相关研究表明，心理医生的自杀率并不低。这说明心理咨询和治疗是高压力的行业，而许多心理咨询师和治疗师对自己的关爱并不够，自己的状态也并不好。此外，心理咨询师也往往有些自己也没意识到的职业病，比如说话时爱用心理学术语、爱胡乱分析人等。

有些人懂人心是本能，是直觉，甚至根本不需要学过心理学；有些人懂人心是使用相关的知识和技术。后者如果在自己的生活中没此意识或懒得运用相关的知识和技术，他也许比普通人更不懂人心！

7. 谈谈心理咨询对自己生活的影响（包括积极方面和消极方面）。

心理咨询能让我接触、学习到很多心理治疗大师的理论、哲学和宗教的思想，学习他们对于痛苦的解脱之道和人生的智慧。

心理咨询也让我有机会听到很多不同的人生苦难和故事，看到不同人的不同活法，看到多种活法能使人感受到自己生活的幸运，懂得感恩和知足。

知易行难。就某种角度而言，心理咨询师的职业经历是对自己心性的打磨和修炼，是慢慢让自己也能在生活中践行自己对当事人讲的那些真知灼见的过程。在这样一个过程中，你自然仍有作为凡人的喜怒哀乐，但你会越来越拿得起，放得下，变得洒脱、从容、淡定。

很投入地从事心理咨询，长期的工作经历会在潜移默化、不知不觉中影响自己、改变自己。

另外，比较诡异但也容易理解的是，如果一个优秀的咨询师面对不了自己的问题，其结果可能比一个普通人都麻烦甚至悲惨。

8. 您的座右铭是什么？

真水无香。

9. 给读者的一句心理赠言。

常想一二。

（说明：俗话说，"人生不如意十有八九"，所以想心态好要常想想如意的那十之一二。）

10. 您的联系方式是什么？

地址：华东师范大学心理咨询中心（上海市中山北路3663号大学生中心402室，200062）

电话：（021）62233062，（021）62232957

邮箱：jamesyebin@yahoo.com